出众

如何成为一个有成就的人

邓文庆◎著

台海出版社

图书在版编目（CIP）数据

出众：如何成为一个有成就的人 / 邓文庆著 . — 北京：台海出版社，2019.4
　ISBN 978-7-5168-2297-5

Ⅰ.①出… Ⅱ.①邓… Ⅲ.①成功心理 — 通俗读物
Ⅳ.① B848.4-49

中国版本图书馆 CIP 数据核字 (2019) 第 053552 号

出众：如何成为一个有成就的人

著　　者：邓文庆

责任编辑：曹任云　姚红梅　　　装帧设计：胡椒書衣
版式设计：赵彩英　　　　　　　责任印制：蔡　旭

出版发行：台海出版社
地　　址：北京市东城区景山东街 20 号　邮政编码：100009
电　　话：010-64041652（发行，邮购）
传　　真：010-84045799（总编室）
网　　址：www.taimeng.org.cn/thcbs/default.htm
E-mail：thcbs@126.com

经　　销：全国各地新华书店
印　　刷：香河利华文化发展有限公司
本书如有破损、缺页、装订错误，请与本社联系调换

开　　本：710mm×1000mm　　1/16
字　　数：175 千字　　　　　　印　　张：13
版　　次：2019 年 5 月第 1 版　印　　次：2019 年 5 月第 1 次印刷
书　　号：ISBN 978-7-5168-2297-5

定　　价：36.80 元

前　言

在熙熙攘攘的人群中，总会有人如惊鸿般飘然而过，却能够让你久久回首，难以忘怀。你之所以对他们印象深刻，是因为他们足够出众、足够耀眼。平凡的你，是否也曾幻想过像他们一样光彩照人、引人注目？苦苦挣扎的你，是否也曾期许过自己有朝一日能够像他们一样出类拔萃、出人头地？

在竞争激励的社会中，总有一部分人能够独领风骚、脱颖而出，成为各行各业的翘楚，成为人们心中羡慕的对象。然而，他们之所以能够取得如此大的成就，就是因为他们足够出众，足够优秀。难道说一个人的成功是由上天注定？那些表现出众的人难道真的是天生好命？当然不是。

在角色多如牛毛的社会舞台上，总有一些人一出场就能赢得满堂彩，一抬手、一投足就能显出与众不同、惹人注目。然而，对于大多数人来说，他们仿佛早就注定了默默无闻，无论在生活还是工作中，他们都像是来去匆匆的过客。因为只是过客，所以他们不会让田里的农夫忘记锄地，也不会吸引众人的目光。他们的平凡无奇仿佛是无力改变的，仿佛只是为了衬托出"红花"的娇艳美丽，展现不出真实的自己。

试问，你甘心一辈子只做一片"绿叶"吗？你难道不想当一次社交圈中的明星，风光一回吗？你难道不想让别人对你过目不忘、艳羡不已吗？

　　本书的主要内容就是传授一些令你轻轻松松就能"鹤立鸡群"的秘诀，只要你能够真正掌握，并举一反三，就可以实现那些你曾经以为根本无法实现的愿望。出众的人生是可以设计出来的，只要你严格地执行规划；出众的人生离你并不遥远，只要你能坚定信心，持之以恒地去努力。

　　首先，要让自己远离舒适区。永远不要把自己困在无意识创造的舒适区中，否则总有一天你会变成行尸走肉。与此同时，请你不要停止追求知识的步伐，在不断的汲取与充电中开拓自己的思维。一个人只有勇于打破舒适区，才能突破自己，换来持久的幸福。

　　其次，努力做一个强者。那些击不垮你的东西，都会让你变得更强大。每次努力之后的平静安详，都映射着人生轨迹的跳跃。弱者随波逐流，强者屹立潮头。要想成为强者，就一定要学会控制自我，控制自己的欲望。除此之外，你还需要经常思考，强大自我意识。

　　最后，保持思维的活跃。为了让自己变得更加出众，最关键的是要保持活跃的思维。一要学会不断地阅读，这是为了让自己时刻处在思考状态，控制自己的情绪，不让自己丧失理性；二要全方位多角度地看待问题，这是为了改变自身的思维方式。

　　综上所述，做一位出众的人，也就是做一位聪明的思考者。思维上的出众，会为你带来意想不到的成功。保持思考的状态，相信你很快就会成为更加出众的人。在这样一个提倡张扬生命力、张扬个性的时代，人生不再千篇一律，每个人都拥有与众不同的魅力，何乐而不为？

目　录

第三章　永葆进取心，缔造伟大成就

第四章　从容面对职场，成就一生事业

第五章　表现出众，成为职业舞台上的主角

第六章　技能出众，给自己输送正能量

第七章　知识出众，经常给自己充电

第八章　成为领导者，让自己出类拔萃

第一章

保持真我本色，让自己与众不同

不要试图成为别人，每个人都是与众不同的。我们要学会接受真实的自己，既要接受自己的优点，也要接受自己的缺点。接受自己意味着生命得到了升华，代表能够正确地看待自己。保持真我本色，是一个人获得自信的开始。

学会接受自己，看清脚下的路

2

一个人的成熟和成长，是从接受自己开始的。既要认清自己的长处，也要接受自己的不足；既要知道自己该干什么、能干什么，也要知道自己不该干什么、不能干什么。全面地接受自己，是人生态度的基本体现。接受自己是以自信、自尊为基础的，它的发展方向是自立、自强。它有两个敌人，一个是自暴自弃，另一个是自高自大。

自暴自弃的人是因为遭遇了失败的打击，彻底否定了自己，认为自己这辈子注定一事无成，从而丧失了进取的勇气。而自高自大的人，是因为生活太过顺风顺水，从而高估了自己的能力。他们或许在某个方面做得比较成功，就自认为在其他方面也不差，于是自信心快速膨胀，认为自己无所不能。殊不知，前面还有更大的坎坷正在等着他。

人生必须经历各种挫折和坎坷，打消自高自大的心理，克服自暴自弃的心态，才能真正地成长起来。这样的人，既能够客观地看清自己，认识到自己的不足，又不失奋斗的勇气。于是，他们会有意识地将自己所有的精力慢慢地集中到自己最擅长的领域中。

一个人能尽快找到自己擅长的领域，并且在这个领域获得成功，并不是一种偶然，而是因为他们能在正确认识自己、接受自己的基础上，不断进步和提升。一个连自己都不能接受的人是不可能成就伟大事业的，也不可能成为伟人。金无足赤，人无完人，正确地认识并接受自己，才是迈向成功的开始。

有这样一首小诗，语言简单，却含义深刻：

如果我们不能成为山顶上的一棵苍松，

那就做一棵生机勃勃的小树生长在山谷中，

但一定要成为长势最好的一棵小树。

如果我们不能成为一棵小树，那就做一丛繁密的灌木；

如果我们不能成为一丛灌木，那就做一片翠绿的草地；

不论在哪里，都是一派生机。

如果我们不能做船长，那我们就做船员。

如果我们不能成为柏油马路，那我们就做一条通畅的小径。

不可能每个人都成为太阳，

即使做一颗星星，同样能够发光。

每个人都有自己的天地，

只要你尽心尽力，就能成为最优秀的自己！

现实生活中，大部分人都对自己持有双重看法，给自己画了两幅完全不同的画像。一幅是正面的，描绘的是自己优秀的一面，接近理想状况；另一幅则是反面的，所表现的全是自己的缺点和不足，让人看不到任何希望。其实，每个人都会有这样的两幅画像，不同的人看待这两幅画像的方式也不同，因为每个人的心态各不相同。一个拥有正确心态的人，不会把这两幅画分裂开来，不会片面地看待自己的缺点或优点，而是将它们合二为一，进行综合评价，然后再实事求是地认识自己、接受自己。所以说，只要你能接受真实的自己，即使不能成为最闪亮的明星，至少也能不断前进。接受自己就不要逃避现实，不论自己的情况如何，都要勇敢地面对，并保持积极的心态，争取做得更好。

英国有这样一则寓言：一天早晨，一个国王独自到花园里散步，当他走到花园的时候，看到的却是一番破败的景象。花园中所有的花草树木都枯萎了，一片荒凉。后来，国王从园丁那里了解到，梧桐树觉得自己没有松树高大挺拔，因此感到自己活着没有意思，厌世死了；松树觉得自己不能像葡萄树那样结出可口的果实，也觉得自己没有什么价值，轻生了；葡萄树却哀叹自己整天只能匍匐在葡萄架上，不能自由地挺立，不能像桃树一样开出美丽的花朵，也死了；牵牛花、水仙花等花草也都觉得自己不如别人而垂头丧气、奄奄一息；只有草坪上的小草依然生机盎然，顽强地生长着。

国王觉得很奇怪，就去问小草："小草啊，那些比你漂亮的花和树都因为对自己不满意而枯萎了，为什么你这么乐观勇敢，毫不沮丧呢？"

小草自信满满地回答："国王陛下，我一点儿也不灰心，因为梧桐树、松树、桃树、葡萄树、牵牛花、水仙花都是你需要的，所以你才种了它们。同样，我也是你所需要的，所以你种了我。虽然我不如它们美丽，但是我也有自己的优势。"

世间的每一种事物都有自己的特点和优势，都有自己的用处，甘心做小草，从表面看来似乎是一种消极的心态。其实不然，因为它能看到自己的与众不同之处，并努力地发挥自己的优势。始终保持生机和活力，这正是积极心态的表现。面对劣势，逃避是没有用的，一味地破罐子破摔，从此一蹶不振，结果就只能是自我毁灭。

在前进的过程中，不断地改正自己的缺点，并尽最大努力发挥自身优势，这才是正确的心态，才是接受自我、成就自我的积极表现。刚刚步入社会的时候，我们都是雄心万丈，一心想着干一番宏图伟业，随着生活的历练，我们才渐渐对自己有了一个较为清醒的认识。现实和期望之间总有一道难以逾越的鸿沟，承认这种差距，并且适时调整自己的目标，是一种成熟的表现。如果仍然坚持不切实际的期望，给自己定下一个虚无缥缈的目标，并不利于自身的发展。如果目标定得太高太远，远远超出了自己的能力范围，任你如何努力仍然会遥不可及。不断的失败，只会让人变得不自信，甚至自暴自弃，这便成了一个人自我毁灭的开始。

王健林可以给自己定一个先赚一个亿的小目标，而那些没有资源、没有基础的年轻人，轻易定下这样的目标只会让自己痛苦。只有接受自己才能成就自我，才能促进自身的发展。

可见，目标并不是定得越高越好，只有适合自己的目标，才能真正促使我们为之努力奋斗。随着自己的目标一个个实现，我们的自信心才会逐渐建立起来，才会有勇气去挑战更大的目标。因为接受自己要从肯定自己开始，相信自己的实力，不断地进行自我激励，坚持使用正面的语言。接受自己，必须懂得自我欣赏，欣赏自己的独特之处，欣赏自己的个人优势。自我欣赏，能使你更容易接受自己，也是接受自己的最高境界。

拥有正确的金钱观

应该怎样看待金钱？我们是否应该把追求财富作为自己的奋斗目标？这样的问题曾经引起一代又一代人的热烈讨论，不同年代的人对待金钱的态度有着很大的差异。在淘金热盛行的年代，人们认为追逐金钱是理所当然的，世界上没有比这更有意义的事情了。而在有些年代，人们会认为金钱是万恶之源，是一切悲剧的起因。因此，人们唾弃金钱的铜臭味，认为人生更大的意义并非是追求财富，而应该是更高的精神追求。

6

人们对于金钱和财富的讨论由来已久，但至今仍未得出一个统一的结论。不过，有一句话却得到了大多数人的认可——"钱不是万能的，但没有钱万万不能。"我们不应该成为拜金主义者，但拥有更多的金钱和财富、过上富裕的生活的确是绝大多数人的梦想。金钱本身并无好坏之分，关键在于我们必须对金钱和财富保持一个正确的心态。

美国作家泰勒·希克斯在其作品中谈到，人们在拥有更多的金钱之后，可以在以下方面得到改善：物质财富的拥有量；食物营养；居住环境；医疗水平；休闲娱乐；旅游；生活品质；退休后的经济保障；更多的朋友；更强的信心；更好地满足自身需求；更充分地表现自我；创造更多的价值；参与社会公益事业，奉献爱心。人们为了获得这些方面的改善，开始热爱金钱、追求金钱。由此可见，追求金钱是也是实现自身价值的一种途径。

有一个名叫马登的美国孩子，在 7 岁的时候不幸失去了父母，他不得不自己去寻找食物和住处。偶然间，他读到苏格兰作家斯玛尔斯的《自助》一书。在书中，马登了解到，斯玛尔斯也是从孩提时代就成了孤儿，但他最后找到了成功的秘诀，并取得了令人羡慕的成就。《自助》中传递出的激情的火花在马登心中炽烈地燃烧着，他把赚钱和获得成功当成了自己心中的伟大信念。

后来，经过一番不懈的努力，马登开办了 4 家旅馆。在经济状况得到改善之后，他便将 4 家旅馆委托给别人经营，自己则将精力集中在写作上。他要写一本激励美国人的书，就像《自助》当年激励过自己一样。在他看来，当时的美国励志书籍非常缺乏，而创造精神产品，不但难度相对较小，也容易赚钱。然而就在这时，命运再次向他提出了考验。

1893 年，经济大萧条到来，马登的 4 家旅馆也在一场大火中被烧得精光，他即将完成的手稿也在大火中化为灰烬。然而，马登的态度非常积极，他并没有被这场大火烧去斗志。

他审视着整个国家和自己，试图找出问题的根源所在。他很快发现，这场经济大萧条是由恐惧引起的。恐惧导致了股票市场崩溃、许多公司破产，使很多人失去了赖以生存的工作。

同时，天气的干旱和炎热又导致了农作物减产，粮食价格的上涨进一步加剧了人们的恐慌情绪。看到人们在物质和精神上的双重匮乏，马登觉得必须激励自己的国家和人民，他告诉他的朋友："如果说美国有什么时候最需要积极心态的帮助，那就是现在。"同时，他也意识到这场危机是一次重大的机会。根据经济规律，经济萧条之后必然会复苏，而自己要想发财，要想改变命运，就必须抓住这次难得的机会。

于是，他重新开始写励志书，他在一个马棚里夜以继日地工作，每周只有 1.5 美元的生活费。

他怀着对财富的追求和对创作的热爱，不知疲倦地坚持着。他把自己对金钱、对财富的信念融入书中，激励人们要保持信心，通过正确的方式去赚钱，以改变当前的经济窘境。一年之后，他的著作《奋力向前》得以出版，一经面世就受到广泛关注，并被各年龄段的读者所喜爱。很多媒体都称他的书是当时美国最需要的精神食粮。随后，他的书被数次加印，又被翻译成 10 多种语言在世界各地发行，一个月之内销售量便达到 300 万册以上。他自己也因此成为一位千万富翁。

人穷在思想，赚取金钱是一种思想观念，积累财富是一种态度，正确的思想观念和态度可以转化为金钱与财富。如果你想拥有更多的金钱，并且不想被金钱所累，那就要培养正确的花钱与赚钱的思想，学会正确地处理财富，利用金钱去创造更多的价值，为自己和别人创造幸福，而不是滥用金钱，把金钱当作满足贪欲的工具。

金钱并非万能，却可以解决我们生活中绝大多数的问题。我们之所以热爱金钱，是因为它的确能给我们带来许多实实在在的改变和实惠。然而，如果我们过分看重金钱，把钱看得比亲情、友情、爱情更重要，那就掉进了金钱的陷阱，从此沦为金钱的奴隶。从古至今，多少人在金钱面前迷失了心性，变得冷血无情，认钱不认人。财富固然很有用，但不能沉迷于它，否则会被它毁灭。

一个不热爱金钱的人，不可能致富；而一个沉迷于金钱的人，则可能被金钱毁灭。

生活中，人们之所以对金钱有误解，是因为有些人对待金钱的态度不正确，从而引发了令人恐惧的后果。热爱金钱更要热爱自己，因为聪明的头脑、健康的体魄、强烈的兴趣、伟大的天赋、果断的执行力、顽强的毅力等才是财富的根本、财富的源泉。

为了未来的方向，做出最积极的选择

从小到大，我们需要不断做出各种选择，比如小时候对学校的选择、对朋友的选择，长大之后对大学专业的选择、对工作的选择、对婚姻的选择。其实我们每时每刻都在进行选择，选择食物，选择衣服，选择书籍，选择座位，选择医生，选择做或不做某件事情，选择说或不说某些话。每一次选择，可能都会或多或少地影响着我们的命运和未来。

小时候的选择，多数情况下是由父母替我们完成的，长大之后的选择，则需要我们自己做决定，并且要为自己的选择承担不同的后果。为自己的选择负责，是我们成熟的表现，也是成长的代价。事实上，一个人成功或失败，幸福或痛苦都是选择的结果，人生就是由连续不断的选择组成的。你的选择决定了你将获得什么样的结果，你明天的生活是什么样子，很大程度上取决于今天的选择。因此，要想在未来获得成功与幸福，在面临选择的时候，我们只需要记住一个原则——每时每刻都要做出最积极的选择。

选择包含着巨大的机会成本，当你做出了一种选择之后，就意味着失去了选择另一种可能的机会。这就如同喝水一样，当你的手中握了一只杯子后，你就无法再握稳第二只杯子。如果你想喝另一只杯子里的水，就必须先放下手中的杯子。因此，选择一定要积极、慎重，否则，就可能导致结果的天差地别。

这是一个很有意思的故事，话说有一个美国人、一个法国人和一个犹太人，因为触犯了法律，将被关进监狱3年。就在法官将他们送入监狱之前，给他们3个人每人提一个要求的机会，并表示将尽最大可能满足他们的要求。美国人最爱抽雪茄，于是便要了3箱雪茄。法国人爱浪漫，要求一名美丽的女子相伴。而那名犹太人则表示，他只要一部与外界联系的电话即可。对于3个人的要求，法官全部满足了他们。

3年之后，第一个冲出监狱大门的是美国人，他的嘴里、鼻孔里塞满了雪茄，急不可耐地大声嚷嚷："快给我火，我要火！"原来他只记得要雪茄，却忘了要火。第二个从监狱出来的是法国人，只见他怀里抱着两个孩子，而那名"美丽的女子"（现在已经变得肥胖臃肿）手里还牵着一个年龄稍大的孩子。最后出来的是那位犹太人，他紧紧握住法官的手，激动地说："谢谢你，因为有了那部电话，这3年来我每天都与外界保持联络，我的生意不但没有受损，业绩反而翻了两番！现在，我的财富足以让我创建更大的事业。"

从这个故事中，我们可以看到，不同的选择会带来不同的结果。选择是自己的事，你的选择必须由你自己来决定，不应该被别人或外界环境所左右，即使这些因素不可避免，你也必须克服或降低它们对你的影响。其实，如果你本身能保持良好的心态，那么其他因素对你发挥作用的可能性就小得多。因此，要想做出正确积极的选择，你必须先树立正确积极的心态。

想要做出正确的选择就需要有正确的认识，需要对自己和选择对象有充分的了解，对每一种选择的利弊得失有精准的判断。只有这样，你才知道什么是正确积极的选择、什么是危险甚至毁灭性的选择。

正确的选择是成功的起点，而错误的选择常常是毁灭的开始。当然，这里的正确或错误都是相对的，是你自己思考和判断的结果。因此，选择也就意味着风险。但是，你绝不能因为惧怕风险就不做选择，不选择其实也是一种选择，是一种消极的选择。如果你的态度是正确的，并且你所做出的选择是当时最积极的选择，你就要相信自己——即便这种选择后来被证明是错误的。一个真正具有正确态度和成功素质的人，无论在什么时候，都能理智地做出自己认为的正确积极的选择。

"钢铁大王"安德鲁·卡内基在创业之前，曾经当过美国铁路公司的电报员。一次假日期间，轮到卡内基值班。电报机突然响起，传来一通紧急电报，电报的内容让卡内基几乎从椅子上跳了起来。原来，附近铁路上有一列货车车头出轨了，请求照会各班列车更换轨道，以免发生碰撞。

然而，当时正值假日，卡内基一时找不到可以下达紧急命令的上层领导。眼看时间一分一秒地过去，而一辆满载旅客的客车正急速驶向出事地点。他必须马上做出选择：不发电报，任由事态发展；或者立即以公司领导的名义发电报，制止意外的发生，但他第二天将被革职。

情况刻不容缓，卡内基果断地敲下了发报键，调度该轨道的各班火车司机立即更换轨道，从而避免了一场灾难。

按照当时铁路公司的规定，电报员冒充公司领导的名义发报将被革职处理，卡内基非常清楚这项规定。于是，第二天上班时他便将辞呈写好放到上司的办公桌上，主动申请离职。

上司看到他的辞呈之后，将他叫到办公室，请他坐下，当着他的面将辞呈丢进了垃圾桶，然后拍拍他的肩膀说："你做得很好，你不仅没有犯错还立了功，我们将为你颁奖，并升任你为值班经理。记住，这个世界上有两种人永远都在原地踏步：一种是不肯听命行事的人，另一种是只知听命行事的人，而你不是他们中的一员。"

选择往往是一刹那的事情，但积极的选择却是一种心态、一种意识、一种习惯，是长期正确思维的结果，而不是误打误撞。

任何时候，都要争取最积极的结果，做出最积极的选择。每个人都应坚持这样的原则：选择你所爱的，爱你所选择的。如果你不能选择你所爱的，那就爱你所选择的。因为心态本身就是一种选择，在任何艰难的环境中，人都有最后的自由和权利，那就是选择自己的心态。

保持自己的本色，别被环境同化

在这个人才济济、竞争激烈的时代，高学历、有文化已经不是什么优势，真正并且永恒的优势，是一个人独特的个性，这才是个人最大的竞争资本。

保持自己的本色，坦然面对世界，走出一条适合自己的独特的人生之路，这是一种基本的生活态度。盲目地模仿别人，盲目地遮掩或抑制自己的本色，其实是在毁灭自己。

本色是一个人的价值所在，是个人区别于他人的特点和优势。当一个人拼命地压制自己的本性，去模仿别人之时，存在于他本性之内的个性和他从外界学来的东西就容易互相冲撞，产生矛盾。这样一来，激烈的思想斗争就会使他迷失方向，引诱他犯错误，甚至使他身心俱疲。

要想保持自己的本色，就必须树立正确的心态，正确地认识自己、了解自己、尊重和信任自己、喜欢和爱护自己。你可能会说：我长得不好看，没有什么特殊的才华，没有背景……但你应该明白，你要做的不是别人，你的人生使命不是模仿别人，你要成为独一无二的自己。每个人都有自己的独特之处，你必须发现自己的特点和优势，然后利用它们，找到适合自己的前进方向，寻求自我的突破。事实上，保持真我本色就是一种积极的态度。

心理学家研究发现，我们每个人都有极强的虚荣心，都希望受到别人的关注、重视和肯定。而一个人满足虚荣心的最好办法就是保持自己的本色，培养自己的特质，以自己的与众不同去赢得别人的关注和赞誉。然而，很多人却不这么认为。他们拼尽全力地掩饰自己的弱点和缺陷，盲目地去模仿别人的言行举止、优势特点，结果却往往适得其反。

我们每个人都有自己的长处和优势，也有自己的弱点和短处，前者是我们的特点，后者也是我们的特点。有时候，我们的弱点其实也是我们的潜在优势，如果我们伪装了自己的特点，去追求所谓的完美形象，反而会失去自己的特殊优势，变得普通、平凡，甚至暗淡无光。保持本色，就是要保持正确的态度，理智地面对诱惑，打造自己的个人品牌。

在好莱坞影视圈中，山姆·伍德是非常知名的导演。他说，他在教导一些年轻演员时，最令他头痛的问题，就是很多演员都没有意识到保持自己的个人特色是多么重要，他们宁愿做二三流的模仿明星，也不愿做一流的自己。这些演员根本不清楚，如果他们都能保持自己的本色，他们身上的光环将会更加亮丽持久。

凯丝·达莉是一名歌唱演员，她出道之初曾在一家夜总会演唱。凯丝·达莉长得并不漂亮，嘴很大，并且有一口龅牙。在第一次公开演唱时，她总是想把上嘴唇往下合，以掩饰她的龅牙。

她也总想表现得像其他美女歌星一样妩媚动人，但结果却适得其反，她这些怪异的举动引来了观众的嘲笑，使她出尽了洋相。由于她太在意自己的牙齿，根本无法放开喉咙歌唱，所以她的表现实在令人沮丧，甚至连她自己都感到失望。

直到有一天，凯丝·达莉的一位老歌迷善意地提醒她："你的声音很好听，对曲调的把握也非常好，很有唱歌的天赋，但你却把注意力放在了自己的牙齿上，所以你的演唱常常不令人满意。其实，你根本不用去掩饰你的牙齿，那本是一件很自然的事情，你越是在乎它，观众也就越关注它。你不要去想它，坦然面对现实，放开你的喉咙，唱出你最美的歌声，观众的注意力自然就会转移到你的演

唱上来，因为他们喜爱的是你的歌声。"老歌迷的一席话让凯丝·达莉豁然开朗。从那天开始，她演唱时便不再去想自己的牙齿，而是自然地张开嘴，尽情地歌唱，而迎接她的是热烈的掌声和一束束美丽的鲜花。

后来，凯丝·达莉成了大红大紫的好莱坞歌星，而她的满口龅牙竟成了影视圈中年轻演员竞相模仿的对象。

著名的心理学家威廉·詹姆斯曾说，一般人都喜欢模仿别人而不是发扬自己，殊不知，一个人的最大成就是开发和利用自身的潜能，只有以自己的特色去和别人竞争，才有可能更快地获得成功。很多时候，发扬自己的长处比伪装自己的短处更为重要，当你的长处非常耀眼的时候，你的短处自然就会被人们所忽视。此时，如果你再暗自加以改正，你就会变得非常优秀。

相信大部分人都参加过求职面试，面对激烈的竞争，很多人常常不知所措。他们急切地想要了解主考官的心理，但却经常会犯一些低级错误。

美国某石油公司的人力资源经理保罗·包延登，从事了30多年的人力资源工作，曾经与6万多名求职者面谈过，具有非常丰富的面试经验。他在《谋职的6种方法》中谈道："求职者最容易犯的错误，就是不知道保持自我的本色。当你问他们一些简单的问题时，他们通常不是回答他们内心的真实想法，而是去猜测你想要什么答案。他们表现得非常不自然、不自信，更不坦诚。其实，我们并不需要那些接近完美的人，因为他们通常只是在面试时伪装成那样，我们需要的是有能力也有缺点，并且敢于承认和改正缺点的人。任何企业需要的都是一名真实的员工，而不是一个伪君子。"

14

每一个成功者、每一个伟人，他们都是与众不同的。他们不是因为伪装而取得成功，也不是因为模仿而变得伟大，他们是在用自己的方式去做事，以自己的本色去面对世界，才赢得了别人的尊重、支持和喜爱。如果失去了自己的本色，就失去了自我，这是一个人最大的失败和悲哀。

戴尔·卡耐基曾说："我无法写出能与莎士比亚相媲美的书，但我可以写出一本完全由我自己写成的书，我要做我自己。"保持自己的本色，不要以别人的标准来打造自己，你的道路应由你自己去开创，你应有自己的标准。你要以一种欣赏的眼光来打量自己，审视周围的人。在你接纳了自己的同时，社会也就接纳了你。

所以，保持自己的本色就是以真实的自己面对世界，轻松而坦然，不做作，不为难自己，无须换上漂亮的衣服，无须模仿讨人喜欢的面孔，也无须说一些迎合他人的话语、做一些迎合他人的事。只要保持正确积极的态度，不断地学习完善自己，提升自我价值，你的人生就会更加独特、精彩。

对不公正的批评一笑了之

任何人都不可能是完美无缺的，我们不可能让所有人都喜欢自己，我们前进的道路也不会一直平坦和谐。在前进的过程中，我们随时都可能受到不公正的待遇——批评、打击、嘲讽、戏弄等。这些常常会给我们造成巨大的心理压力，击垮我们的信心，摧毁我们的斗志，阻挡我们向前进。对于不公正的批评，我们无法彻底避免或预防，很多时候我们只能接受，但我们可以选择接受的方式。而

降低这些因素最有效、最根本的方法就是保持平和的心态，理智冷静地面对它们。

当你遇到不公正的批评时，最好的办法就是付之一笑。对敌意甚至狠毒的批评，你完全可以不予理会。这样一来，任何人都不可能击垮你。

不公正的批评，对我们是一种考验，并且是人生中最重要的一种考验，考验我们的态度是否正确、心志是否坚强。同时，这也是重要的学习和完善自己的机会，我们会因此而获得成长。

曾经的美国第一夫人伊莲娜·罗斯福年轻的时候特别腼腆，很怕别人议论她。有一次，在准备做一件重要的事情之前，她由于担心会受到批评而迟迟不敢行动。无奈之际，她去向罗斯福的姐姐求助："姐姐，我想做这样一件事情，但我怕会受到别人的批评和指责。"

罗斯福的姐姐直视着她说："做你该做的事，无论别人怎么说，只要你自己心里明白你所做的是正确的就行。太在意别人的看法，你就会失去自己的方向。"

伊莲娜·罗斯福进入白宫之后，也一直把这样的忠告当作自己的指路明灯。她曾经对她的朋友说："只要你认为是正确的事，你就要大胆地去做，要接受别人的意见，但不要因为别人的打击而停止自己前进的脚步。你反正是会受到批评的——做了，有人会批评；不做，也有人会批评，因此你必须要有自己的主见。"

学会理智地面对批评，对任何人来说都很重要。很多时候，别人对你的批评是善意的，是为了帮助和教育你，所以你应该认真聆听。即使有些人对你恶言攻击，但他所批评的内容有可能是事实。他原本可能是想害你，但若他的批评是建立在事实基础上的，就会对你产生很大的帮助。即使不能从中获益，你也可以付之一笑，或者干脆不予理会。如果你因为受批评而丧气，对自己失去信心，一蹶不振，或者丧失理智地与其展开争论，纠缠不休，那反倒让对方的诡计得逞了。

很多人对善意的批评尚且无法接受，对恶意的批评就更难保持理智。我们都希望与友好的人相处，只希望接受别人的赞赏和夸奖，却不善于与那些不喜欢我们或与我们产生误会的人相处。你应该明白，学会应对各种"攻击"，是一件很重要的事情，甚至是一种必备的能力。虽然我们无法迎合所有人的意愿，也无法阻止别人不公正的批评，但我们可以决定是否要让自己受到那些不公正批评的伤害。

当马修·布拉还在华尔街 40 号担任美国国际公司总裁的时候，有记者问他是否对别人的批评很敏感，当别人批评他时，他会有什么样的反应？布拉回答道："是的，我早年的时候对这种事情特别敏感。不管别人的批评是善意的还是恶意的，我都会去迎合他们的要求。要是没能让他们满意，或者有人对我有意见，我就会感到忧虑和不安。所以，无论是谁对我不满意，我都会想尽办法去取悦他。可是我所做的讨好他的事情，却会惹另外一些人生气。最后我发现，我越想去讨好别人，以减少别人对我的批评，越会使我的敌人快速增加。后来，我的一位好友劝我说：'任何一个人都会受到别人的批评，并且你越是超群出众，批评你的人就会越多，你要想有更大的作为，你就必须学会适应这种情况。接受善意的批评，并加以改正，对不公正的批评你可以一笑了之。'这一点对我帮助很大，从那以后，我开始调整自己的心态，坚持走正确的道路，以维护大多数人的利益为目标，对其他人的意见选择性地接受。我收起了原先的破伞，让批评的雨水从身上流下去，而不是流进衣领里。"

我们有辨别是非好坏的能力，只要能始终保持正确的心态，以

开阔的胸襟去倾听不同的声音，就能保证自己少受不利因素的干扰，并且能从反面的声音中获得积极的教益。

林肯要不是学会了对那些攻击他的言论置之不理，恐怕早就承受不住内战的压力而崩溃了。相反，他还从那些批评者的言论中发现了自身的很多问题和缺点，进一步完善了自己。他写下的如何应对批评的方法，已经成为一篇经典之作，广为流传。其中有一段是这样写的："我尽量按照我所知道的最好办法去做——也尽我所能去做，我打算一直把事情做完。如果结果证明我是对的，那么他们即使花十倍的力气来说我是错的，也没有什么用。"

笑对人生，更高的境界是笑对批评，特别是不公正的批评。这是一种肚量，更是一种难能可贵的心态。

你之所以穷，是因为贫穷的思想

财富源于心中的理想，如果你非常渴望富裕的生活，那么你就有可能过上富裕的生活。因为你的思想最终会转化为你的行动，如果你心中的想法与获得更多财富、过上富裕生活相悖的话，那么你就不可能致富。

贫穷的思想导致贫穷，这句话通常有两层含义，一层含义是如果你只想着自己是如何穷，如何没有致富的机会和条件，如何与财富无缘，那么你将永远贫穷。另一层含义是思想上贫穷，如果你因为目前的贫穷而不敢想象富裕的生活，不认为自己也有致富的能力，不去思考致富的办法和途径，这也会导致你永远贫穷。

事实上，贫穷或富有都是一种心态。贫穷的思想产生消极的心态，富有的思想产生积极的心态。一个人要想富有，就要向富人看齐；

要想成功，就要向成功者看齐。还要不断追求更高的目标，应该进取性地、开拓性地、建设性地、创新性地去思考问题，开创财富之路。

如果比尔·盖茨没有创造更高价值、拥有更多财富的思想，他就不会辍学创业；如果他只是想赚一点小钱，满足自己的生活所需，那么他在20岁的时候就已经实现这个目标。但他的思想远不止如此，他有更大的财富梦想。因此，他才能打造出世界软件行业的巨无霸，并让自己稳坐世界首富的位置长达十几年。

同样，"石油大王"洛克菲勒、"钢铁大王"卡内基、"汽车大王"福特，还有松下幸之助、李嘉诚、王永庆……这些中外财富界的传奇人物，无不是因为预先树立的财富梦想成就了他们。如果不是先有致富的思想、愿望，他们不可能取得如此巨大的财富收益，他们的财富之路也不可能走得这么长远而坚实。

思想导致贫穷，思想创造财富，不同的思想，不同的态度，产生不同的结果。事实上，没有人愿意过贫穷的生活，更没有人愿意贫穷一辈子。一般来说，我们都希望得到自己所期望的东西，并且这种期望越强烈，获得结果的速度也就越快。如果没有这种期望，那么我们将很难有大的收获。

一个人工作的最终结果，往往取决于他刚开始所设定的目标以及在实际的工作过程中对工作状况的完善。因为思想会产生动力，激发人的工作热情，促进人的行为，使人创造出更高的价值。如果你没有为自己设定明确的目标，没有创造更高价值的愿望，没有在实际的工作中想办法提高自己的工作效率，那你就不可能创造出什么非凡的业绩。

有人原本处于社会的底层，但是他们有积极的思想，有正确的心态，渴望过富有的生活，渴望创造出更多的财富，所以努力奋斗、顽强拼搏，最终取得了成功。有一些人，他们认为自己没有实力、没有机会，不可能拥有财富、获得成功，于是丧失了斗志和自信，变得消沉，便越发贫穷。还有的人，他们本身的条件比较好，生活比较富裕，但是他们却没有积极上进的思想，不去思考自己是否可以过得更好、拥有更多，也不去发掘自身的潜能，贫穷的思想让他们安于现状、得过且过，最终沦为平庸之辈。

无论你现在是贫穷还是富有，贫穷的思想将导致你最终的贫穷，而富有的思想将会导致你最终的富有。如果你想获得好运，赢得机会，那么你首先要消除对自己的怀疑。否则，你很难树立远大的目标，很难树立自己的财富梦想，也就不可能去为获得更多的财富而努力。即便你树立起了财富梦想，只要怀疑仍处于你和你的理想之间，它就会成为你前进道路上的最大障碍。因此，你必须相信自己，必须要具有坚定的信念，因为没有人能在缺乏自信或丧失信念的情况下抓住机会，从而创造出巨大的财富。

任何时候，看得越远，你走得也就越远；看得越高，你所能实现的目标也就越高，因为思想永远是获得成功的基础。

财富来源于人的思想，只有思想上富有了，你才有可能将之付诸实践，把你获得财富的想法落实于切实可行的计划，并且想办法去完成这个计划——这就是富有的思想。如果你的脑海里根本没有这样的致富计划，也没有打算去改变现状，那么只会习惯性地认为自己不可能过上富有的生活，并且让自己在贫穷中逐渐老去。

人们常常自嘲说："贫穷限制了我的想象。"其实这句话的潜台词是，我们之所以穷，首先是我们的思想穷。在我们的思想认识里，所有的好东西都是为别人准备的，比如豪宅、名车、名牌服装、高级家电、奢侈品、自由的时间和工作等，自己根本不可能获得，所以干脆想都不去想，也不会为了这些东西去奋斗，结果就真的无法拥有。他们从骨子里相信，这些东西不可能属于自己的，属于自己的只能是狭窄偏僻的蜗居、破旧的自行车、廉价的地摊货，每天按部就班的工作和微薄的工资。

人之所以穷，首先是由贫穷的思想决定的，因为他们在潜意识里认为穷是一种必然，自己没有改变的能力，也不可能去改变。这种思想是如此顽固，导致了他们继续贫穷，甚至更加贫穷。贫穷本身并不可怕，"相信我们是贫穷的，并且应该继续贫穷"这种甘于贫穷的思想和对待贫穷的态度才是致命的。

只有从根本上改变贫穷的思想，才能从行动上战胜贫穷。只要我们相信，每天朝着正确的方向去努力，不断总结做人做事的方法，我们每个人都可能拥有财富、获得成功。改变现状、拥有财富并没有什么秘诀和窍门，每个人都有各自的资源和技能去创造财富。所以，别人的成功我们很难复制，但我们可以复制成功的思想。要对财富充满强烈的渴望和坚定的信念，要消除心中的疑虑或恐惧，抹去大脑中失败与贫困的阴影，让自己成为自己思想的主宰。如果我们能克服思想的贫穷，我们便能克服物质的贫穷，因为当我们的思想和态度发生转变的时候，我们的实际行动也会发生相应的改变。

不被环境摆布，掌握人生主动权

在一座荒芜的山上，曾经有两块相同的石头，但在3年后却发生了巨大的变化，一块石头受到很多人的敬仰和膜拜，而另一块石

头却受到人们的唾弃。受人唾弃的石头极不平衡地说道："老兄呀，在 3 年前，我们同为一座山上的石头，今天却有这么大的差距，我的心里特别痛苦。"另一块石头答道："老弟，你还记得吗？3 年前，我们都厌恶了这座荒僻的山，但你认为既然生在这种环境，就只能忍受，而我主动要求雕刻家为我雕塑。于是，便造成了我们现在不同的境遇。"

身处的环境如何并不能成为消极被动的借口。那块没有改变的石头不懂这一点，一味地把责任推给环境。一个人一旦养成了消极的习惯，处于顺境便盲目满足、放弃努力，成功便自我满足、停滞不前；处于逆境便轻易退缩、自甘堕落，遇到困难便轻言放弃、怨天尤人，这就形成了消极的种子最容易破土发芽的环境。

决定我们命运的不是环境，而是心态。无论身处什么样的环境，一旦养成了消极被动的工作态度和习惯，就很容易不思进取、目光短浅，慢慢地丧失活力与创造力，忘记了自己当初信誓旦旦的人生信条与职业规划，最终陷入好逸恶劳、一事无成的深渊。

环境怎样是好？怎样是坏？好坏并不在于环境本身，而在于人如何自处：置身其间，不迷失自己，保持积极主动的态度，再坏的环境也是好环境。反之，再好的环境也是坏环境。环境对人确实有一定的影响，最关键的还是人自身，顺境或逆境都不能成为消极被动的理由。

卡耐基曾经说过："我的成功原则就是主动。在任何行业里，想达成自己人生目标的人，都必须运用这项原则。它之所以十分重要，是因为没有人的成功，能够不借助于它的力量：你可以称之为'主动'的原则。研究一下那些被大多数人视为确实有所成就的人，你会发现，他们都有一个明确的人生目标，并且有着完善的计划，他们的大部分心思和努力，都投注在如何主动去达成目标上。"

　　但有人成功，就会有人失败，有的人遭受了失败的打击会一蹶不振；有的人会不知反省，继续向前；而有的人却能审时度势，调整状态，卷土重来。我们研究失败是为了更好地研究成功，只有敢于正视失败，正确地面对失败，才能超越失败，走向成功。

　　"失败是成功之母。"小时候，我们的父母或幼儿园的阿姨就这样告诉我们，还列举了大量伟大的科学家、发明家、企业家、政治家历经挫折，才获得成功的例子来加以佐证。于是，"失败只是有点儿让人伤心，但并不可怕"的种子在我们幼小的心田里扎下了根，并且随着岁月的沉淀和滋养发了芽。

　　到了中学，老师又告诉我们："失败是成功的踏脚石。"嫩芽破土而出，享受着阳光兀自茁壮生长起来——我们无形中有了这样一种潜意识：失败是成功的先兆，挫折会带我们走向成功。因此，失败非但不该是一种令人沮丧的事情，反倒可喜可贺了。我们甚至还可爱地对自己说："只有风雨才能冲洗掉掩于我们表面的尘埃，显露出我们英雄的本色。"于是，我们不畏失败，跌倒后爬起来再勇敢地奋进，而结果却是悲壮地屡战屡败，屡败屡战，又屡战屡败……这是为什么呢？是上天对我们太不公平吗？是我们命中注定不能成功吗？其实都不是，屡战屡败只是我们潜移默化地在失败和成功的问题上形成了一个心理误区，存在着一个心理症结。我们扭曲了失败与成功在"失败乃成功之母"中的母子关系；认为由"失败"必然推得"成功"，而没有去深入思考"失败"在这句话中的潜在意义。

　　为什么失败一个接一个，胜利却从未到来过呢？其实，你只要回过头去仔细想一想就会知道了。诸多失败者的失败只是因为具体情况有所不同，但本质上却是一样的，主要原因都是没有认真地分析自己失败的原因，没能从中汲取宝贵的经验。

真正懂得生活的人，他会给自己提出这样的目标：战胜失败，把自己锻炼得更加成熟和坚强。生活从它自身的逻辑出发，要求人们增强生活的勇气；增强对失败的容忍力；变通进取，从失败中不断总结经验，产生创造性的提高。

很多人之所以屡战屡败不能成功，除了他们没有认真反省这一主观原因外，还有一个客观的原因，那就是失败和挫折通常是以一种"哑语"的形式来和人们沟通的，如果你不去认真对待它、分析它，就不会理解其中的含义。同样，"失败是成功之母"也是以这种"哑语"的形式来告诉人们它的真正含义。所有历经失败和挫折而终获成功的人们，都是用他们的心认真地从失败中读懂了这"哑语"的意思，曾经的失败引导他们走向成功。

不要被环境摆布，你要掌握人生的主动权。如果你的生命是一把披荆斩棘的"刀"，那么失败就是一块不可缺少的"砥石"。为了使生命的"刀"更锋利些，勇敢地面对失败的磨砺吧！

是被生活改变，还是改变生活

很多时候，我们常常会有这样的感觉，自己的工作和生活总是困难重重，就好像被思维囚禁的奴隶一样，任由它来宰割。于是，一股浓浓的痛苦将自己包围，既无力摆脱，却又充满渴望。

其实，在人的一生中，成功和失败都只是连接生命的纽带，它是一种状态的结束，又是另一种状态的开始。人生不可能永远成功，成功只意味着某个阶段目标的实现，一种理想变成现实。

当你渴望一种更积极的人生，对现状感到不满时，通过接受和改变，会使我们的内心变得更加宽广、乐观，我们的一切也会随之发生改变。接受和改变中蕴藏着一种生命的智慧，更是每个人自我实现与超越的有效工具。

在失败面前，唯有勇于接受和改变，才能让人学会忍耐与坚强。

一位年轻女孩正在和父亲促膝长谈，确切地讲，应该是女儿在向父亲抱怨、诉苦。女儿忧心忡忡地对父亲说："我现在感到非常痛苦，虽然我努力地想摆脱它，但是好像已经迷失了方向。问题总是接二连三地出现，弄得我毫无招架之力，我已经厌倦了挣扎、抗拒，但我又不知该如何是好。"

父亲低头沉思了一会儿，对女孩说："跟我到厨房看一看吧，或许你能从中发现生活的真谛。"

女孩疑惑不解地随着父亲来到厨房。只见父亲打开燃气，烧了三锅水，等水沸腾后，父亲又分别把萝卜、鸡蛋和一些咖啡依次放入三个锅中。都放好之后，父亲示意她和自己一起默默看着锅里的变化。

过了一会儿，父亲把锅里的萝卜和鸡蛋捞了出来，分别放在两个碗中。然后，他又把咖啡倒进杯子里。他问："孩子，刚才你都看到了什么？"女孩回答："萝卜、鸡蛋和咖啡，别的就没什么了。"

父亲说："嗯，现在用你的手感觉一下被沸水煮过的萝卜，再将鸡蛋皮打破，然后再尝一尝我给你煮的咖啡，感觉一下味道如何？"

女孩按照父亲的意思，一一照做了，但仍然不知道父亲的用意到底是什么。

父亲轻轻抚摸着已经长大却一时失去勇气的女儿的头，解释道：

"当它们处在逆境中时,也就是碰到滚烫的沸水时,反应各不相同,原本粗硬、坚实的萝卜在沸水中变软了,被煮烂了;鸡蛋原本非常脆弱,鸡蛋壳在保护着里面的液体,但被沸水煮后,鸡蛋内的液体却变成了固态;粉末的咖啡在沸水中煮了一下竟改变成了液态。你呢?我的孩子,你是什么?"

在生活中,每个人都会像这个女孩一样,面对各种烦恼与困惑,但是每个人的成长都需要付出这样或那样的代价。没有人会永远一帆风顺,生活总会迫使我们面对各种危机。

当我们的人生状态发生重大改变时,对我们的心灵而言,最好的灵丹妙药就是接受和改变,它能对我们紧张、焦急、悲恸、惊恐等情绪起到调补作用;当我们的生活处境每况愈下、十分艰难时,它更是不甘失败,努力拼搏时坚定的眼神,自信的微笑;当我们的思维深陷怪圈无法自拔时,接受和改变是使我们获得自我突破的唯一勇气和力量。

人生无常,世事难料。汶川大地震发生以后,数以万计的人死亡,几十万间房屋被摧毁,数万人遭灾。对于受灾群众和幸免于难的人而言,微笑在短时间内是无法重新绽放在他们脸上的。此时,他们最需要的是平定情绪,淡化悲伤,走出惊恐,恢复生活的信心与勇气。

任何灾害都将成为过眼云烟,所有哀伤都会随着时间的流逝逐渐淡化。对于灾区人民及遭受过严峻灾害的人而言,做积极的自我调整,坚定生活的决心、信念是开始新生活的首要条件。此刻,我们应该做的是尽量使自己的内心平静,用积极的心态和步骤迎接新的生活。

其实,我们没有必要对此感到害怕,毕竟幸福的到来,总是先要经历痛苦的考验。对于每一个追求幸福的人来说，要想接受和改变现状，首先要让自己重视痛苦，其次才能发现人生幸福的真谛，这就是所谓的痛并快乐着。

不要把成功和失败看得太重，失败意味着一种状态的结束，也宣告了另一种状态的开始。人生需要奋发图强，也需要信念支撑。无论是花开花落，还是云卷云舒，那些懂得接受和改变的人遇事总能宠辱不惊，去留无意，并保持正常的生活状态，以及不变的人生信条。

接受和改变无处不在，不管是宇宙万物，还是天地人生。古人云："人生自古多逆境，逆中更有逆道生"。因此，无论我们因何陷入烦恼、痛苦、迷茫，只要我们意识到自己正处于逆境中，接受和改变就会为我们提供一个完美的解决方法。

危机意识，亦能迎来生机

曾经有这样一道有趣的命题：

武松在景阳冈显神威打死吊睛白额老虎之后，一时间名震天下。很快，10年过去了，景阳冈虎患再生，受乡人邀请，武松再度欣然出山。他喝了3碗景阳冈牌白酒之后，踌躇满志地上山了。那么，这次将会出现什么样的结局？

我想一下，无非有以下两种可能：一是武松在第一次打虎之后，仔细分析了老虎攻击的特点，勤奋练习，发明了一套打虎拳，结果三下五除二再次为民除害；二是武松成了打虎英雄之后，趾高气扬，

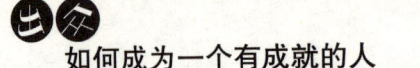

把偶然的成功当作必然的成功，不思进取。结果在第二次打虎时丧失危机意识，掉以轻心，从而落入虎口，后悔莫及。

古人曾说，"生于忧患，死于安乐"。我们每个人又何尝不是如此呢？要想在事业上不断发展，就必须树立这样一种意识：危机迟早都会来的，危机意识是发展的原动力，同时也能迎来生机。

马国熙作为环球资源的一名职业经理人，曾成功创办了《多伦多商业》杂志。但是4年之后，面对日益激烈的竞争，他的公司进一步发展的条件还不成熟，所以他没有选择继续坚持，而是顺应发展，跳槽到了《时代周刊》社。没想到的是，这竟然是一步绝妙的好棋，跳槽的结果不仅使他避免了因原公司不景气而产生的身价下跌，成功保值以外，还使他进一步学习到更多的业界知识，掌握了更多的资源，为今后的大展拳脚打下了坚实的基础。

马国熙的职场经历向我们传达了这样一个道理：只有最不安全的环境，才能促成最安全的发展。同时，马国熙的经历也印证了成功的性格要素，那就是勇于进取、敢于面对新挑战的奋斗精神。在离开环球资源、进入荣格集团创办杂志的时候，马国熙已经四十靠后了。照理一份稳定的工作才是首选，他却义无反顾地跳槽到荣格，决心从头做起。这是对现有状态永不满足的进取精神……所以越是成功的人士，他们所承受的压力也会越多。

此外，马国熙取得成功的最根本的原因还在于他能始终保持危机意识，也就是他所说的不安全感。正因为有着这样的不安全感，使得他能始终坚持不断地壮大自己，始终考虑各种负面因素。在面对新的挑战、新的目标时，他能主动出击，开拓新的疆界。

又如李娜，她成为历史上首位晋级法网女单决赛的亚洲球员后，并没有太过激动，毕竟大满贯决赛的滋味对她来讲已不是初体验。她已经习惯了胜利，更习惯了赛场上的风云变幻。即便如此，但她还是需要一个"鹦鹉"般的人在身边不断地提醒她。

试想，如果一个人满足于过去的成就，就很容易忽略竞争环境的变化，从而丧失危机意识。然而，在这个瞬息万变的时代，竞争激烈到了前所未有的程度，没有危机意识就会面临"杀机"，只有时刻保持危机意识，才会迎来"生机"。

以上事实证明，越是成功的人士所承受的压力也就越多。在面对巨大的压力时，始终保持着这样一种不安全感，能够最大效率地发挥一个人的潜在价值。相反，若处于舒适安全的环境中，我们很难全力打拼，也就难以取得相应的成就。所以说，适当给自己施加一些压力，能够促进我们进一步发展。

精神是一种伟大的力量

大凡在职场中意气风发的成功者，都有一种顽强的生命力。这种力量不仅来自肉体，更来自精神。他们之所以能够青云直上，创造一个又一个辉煌的成绩，是因为他们内心有一种不灭的信念、一种拼搏的精神。精神，是一种现代科学还没有研究明白的神秘因素，它具有一种无比强大的力量。

人，总要有点精神的。古往今来，多少人都是在精神力量的支持下探索着、奋斗着。无论是创建伟大思想的哲学家，还是发现人类文明的科学家，他们都用自己的行动对思想做出了同样的诠释——精神是一种力量。

随着社会的发展，人们生活节奏的加快，留给自己的时间却变少了。物质生活丰富了，精神世界却日益贫瘠，肩上的担子越来越重，思想的包袱越来越大。也许，这正是一个需要精神力量的时代。所以，我们有理由相信，在这个世界上，总有一种精神会让我们感动。

2007 年 7 月 29 日傍晚，亚洲杯决赛在激烈地进行着，伊拉克凭借尤尼斯的进球，最终以 1：0 战胜了沙特队。他们首次闯进了亚洲杯决赛，幸运地获得了冠军。

伊拉克球员用他们的表现赢得了所有人的尊敬。不管他们的实力怎么样，但因为他们在场上始终保持积极的态度，拼尽全力地奔跑，再加上他们不屈的意志，足以让人敬佩。一个连国家安全都成问题的球队，有这样的精神，的确是让人敬佩的。他们是真正的战士、真正的男人。

在足球场上，虽然实力至关重要，但绝不是决定因素，顽强的意志和必胜的决心才是关键。一个球队即使输了，那没什么，技不如人。有情可原，我们回来继续苦练就是了。

但是，如果场上没有精神，没有荣誉感，真的不可原谅！众所周知，伊拉克局势不稳、战火连天，是一个连球场估计都找不到的地方，教练是亚运会前两个月临时聘请的"廉价"教练，队员是两个月前从国外一个个调回的，时间紧迫得连队伍在一起磨合的时间都没有，就去参加亚洲杯了。

然而，他们却凭着自己对祖国的热爱，顽强拼搏赢得了亚洲杯。每当队长尤尼斯进球之后，他们就会把带有伊拉克国旗的队长袖标摘下来戴在头上。这就意味着他们每个人心里都想着自己的国家，这也是他们会赢得冠军的最主要原因。当祖国遭受着战争的摧残、备受屈辱的时候，他们用冠军的荣誉维护了自己国家的尊严！

这个世界是物质的，但精神也可以决定很多东西。我们不得不承认，这个世界上真的有种精神叫不屈，有种意志叫顽强！一个战火纷飞的国度，他们用汗水和拼搏，赢得了冠军，赢得了全亚洲人的尊重。

精神的力量，竟伟大如斯！伊拉克人在物质上是贫乏的，但在亚运会夺冠的那个夜晚，他们的精神却是富足的。因为他们用顽强的精神打动了胜利女神。球场如此，职场更是如此。没有这种精神的力量，一个人便无法做出伟大的成绩，也很难在事业上更上一层楼。没有精神寄托的人，只会浑浑噩噩地度过一生。

可以说，精神是人的灵魂，人的脊梁，人所有动力的源泉。就像钢铁一样，只有将它放在火上千锤百炼，才能锤炼出一种坚强。人要成熟和发展自己的智性机能，享受生命的内在宝藏，就要顽强不屈地经受生命的磨难。如果生命中没有了磨难，就像气球外面没有了大气压力一样，生命会无限膨胀，变得轻飘飘。

鲁迅先生曾说：有的人活着，他已经死了；有的人死了，他还活着！有的人的确死了，他的生命就像一缕空气，消失在浩瀚的宇宙中；然而，他们的精神却激励着身边无数的过客。于是，这种精神在瞬间得以永恒。

可见，人生中遇到的困难是大是小，不仅与困难本身有关，还与个人的精神品质有关。对于那些害怕艰难险阻，在困难面前畏畏缩缩的人而言，困难如同耸立的高山一般不可逾越；对于那些积极进取、信心坚定的人而言，困难可能只是一块微不足道的拦路石。

蚯蚓虽然弱小，却能靠自己的力量掘土前进，我们万物之灵的

如何成为一个有成就的人

人类为什么不能凭自己的力量去冲破各种障碍，开辟自己的人生道路呢？精神的力量，可以使弱者变成强者。在这种力量面前，任何困难都会低头的。就像一发强力炮弹可以击穿钢板，但如果慢慢地推压这颗炮弹，它甚至连一块铁皮都无法穿透。

世界是现实的，它只会为力量开辟道路，就让精神的力量帮助我们战胜生命中所有的困难，帮助我们成就美好的人生吧！

32

第二章

命运操之在我，绝不随波逐流

命运真的无法改变吗？也许过去的生活已经无法更改，但未来的生活却有无限可能。能否让自己未来的命运，朝着更好的方向发展，关键是要做到"命运操之在我，绝不随波逐流"。只要我们积极改变，未来一定会有无限可能。

目标的高度决定了人生的高度

生活离不开目标，目标的高度直接决定了人生的高度。一个人如果放弃了目标，就会迷失方向，会成为在原地徘徊的庸人。

任何伟大的目标，在没有与实际行动结合起来之前，都只能称之为想象，没有丝毫的实际意义。俗话说：事无巨细，人生的目标也是如此。目标向上看是信仰，向下看是认知；向远看是志向，向近看是方案；向外看是抱负，向内看是职责。这正好印证了"画饼充饥不可取"的道理，只有踏踏实实地行动起来，用真才实干才能实现自己的目标。

人生中最大的目标，也可以说是一生的抱负。心态积极的人，肯定有远大的抱负。抱负是对未来的追求，是远方的诱惑，它给人们一种百战百胜的力量。所以有人说，抱负是人生的太阳，生命没有抱负，就像生命之花没有阳光的照耀，迟早有一天会枯萎。

著名诗人流沙河曾这样描写抱负：

抱负使忠诚者常遭不幸，
抱负使不幸者绝路逢生。
普通的人因有抱负而伟大，
有抱负者就是一个"大写的人"。

一个具有远大抱负的人，一般也会具有执着的信念和行动。他不会为了一时的安逸而不思进取，甚至放弃自己的远大目标。他们的手中都会有一架望远镜，用来眺望前进的道路。拥有明确目标的人总比消沉待事者更具爆发力，更能创造出好的成果。

真正的目标不是不切实际的幻想，而是人们经过深思熟虑后获得的一种美妙绝伦的期望，它具有长远性和稳定性，一旦树立便很难改变。因此，目标能使人激发出生命的潜力，使人能忍受身心的折磨和苦楚，使人爆发出巨大的勇气和能量。

有两位同是年届70的老太太，一位以为这个年纪已是"古来稀"了，所以开始准备后事，不久便离别人世了。而另一位却不在乎自己的年龄，她要做自己喜欢的事，所以她制订了一个登山的计划，冒险攀登高山，先后登上了几座著名高山。在她95岁高龄时，她竟然登上了日本的富士山，打破了登此山的最高年龄纪录。她就是全美鼎鼎有名的胡达·克鲁斯老太太。

不同的目标使人产生不同的心态，不同的心态会导致人做出不同的选择。所以，建立正确的、远大的目标会使你的人生充实而有含义。每个人给自己的人生赋予的颜色，究竟是五光十色的，还是暗淡无光的，全看你树立了什么样的目标。可见，目标对个性的发展具有决定性的作用。

在运动员中有这样一种现象，运动员往往在竞争激烈时的表现，比平时训练时的表现要好得多，这在诸多的体育竞赛中已经得到了证实。无论是高尔夫选手、网球运动员、足球运动员，还是拳击选手都具有一种共同的趋势，他们大多在普通竞赛时习惯于虚度光阴，这也就是体育界中为什么会存在许多的"轻微的病"。如果是重大的、真实的竞赛，你就会自然而然地为自己制定一个伟大的目标，它会在潜意识里使你发挥出最大的潜能。当你处于最佳状态，尽最大努力达到自己的巅峰状态时，你才有勇气对自己说："今天我竭尽全

力了。"只要你找到了伟大的目标，就不会一无所获，它会让你的结果变得更加有意义，远大的目标还会激发你全部的活力，让你既充实又兴奋。如果在你的生命里注入了无尽的伟大与影响，你自然会变得干劲十足。

你能在生活中得到什么，完全取决于你对生活的态度。就比如一块铁条，如果将它制成门的制动器，它就值 1 美元；如果用它来制作马掌，它就值 50 美元；如果将它精炼成优良的钢材，并用来制造挂钟的主发条，那么它的价值就是 20000 美元。

由此可见，我们赋予铁条的作用不同，它的价值也就会随之改变。同样的道理，对于未来，你的态度也会为你带来与众不同的人生体验。不论你从事何种行业，无论你是美容师、家庭主妇、运动员，还是学生、推销员或商人，你都应该有一个远大的目标。就像布克·华盛顿所说："一个人达到目标所克服的阻碍越大，那么他的成就也就越大。"

一个对人生心态积极的人，就会树立远大的目标，而它就像一个望远镜一样，能让你看得更远，看到更美的风景，不会只局限于眼前狭小的天地。

挣脱"自我设限"的枷锁

科学家们曾做过这样一个实验：

科学家把跳蚤放在桌子上，随后一拍桌子，跳蚤就会因为条件反射跳起来，并跳得很高。然后，科学家在桌子的上方放一个玻璃罩，再拍桌子，跳蚤再跳就撞到了玻璃。跳蚤发现有障碍，于是就开始调整自己跳的高度，使自己不会撞到玻璃。

紧接着科学家再把玻璃罩往下压，然后再拍桌子。跳蚤再跳上去，再撞上去，再调整高度。就这样，科学家随后不断地调整玻璃罩的高度，跳蚤就不断地撞上去，再不断地调整高度。直到玻璃罩与桌子高度几乎相平。这时，科学家把玻璃罩拿开，再拍桌子，然而跳蚤已经不会跳了——跳蚤变成了"爬蚤"。

跳蚤之所以变成"爬蚤"，并非是它已丧失了跳跃能力，而是因为它在一次次受挫中选择了妥协。它在一次次的挫折之后，为自己设了一个限，潜意识里以为自己永远跳不出去了，所以即使玻璃罩已经拿开，但玻璃罩仍旧"罩"在它的心上，而且根深蒂固。这种心态扼杀了跳蚤行动起来的愿望和潜能，所以它认为自己丧失了跳跃的能力，这就是我们常说的自我设限。

现实生活中，许多人的遭遇与此极为相似。在成长的过程中特别是童年时代，遭受过外界（包括家庭）太多的批评、冲击和波折，所以奋发向上的热心、愿望变成了自我设限的观念。自我设限会使人既对失败惶恐不安，又对失败习以为常，会使人丧失信心和勇气，逐渐变得懦弱、多疑、狭隘、自卑、孤僻，更有甚者害怕承担责任、不思进取、不敢拼搏。

人生在世，波折和失败总是在所难免，可是多数人一遇到失败，就会变得郁郁寡欢。"一朝被蛇咬，十年怕井绳"，这就是自我设限的体现，而自我设限又会引起各种落伍和消极的反应。所谓落伍是指一个人的行为和年龄相反，成人退化到小孩子的状态，外部环境引诱他不能做出正确的判断。

我们能否突破自我设限，关键还在自己。成功只属于那些越挫越勇，不断完善自己，一心想要成功的人。如果你不努力突破自己，不努力挣脱固有想法对自己的束缚，那么，没有任何人能够帮助你。过去的你怎样并不重要，重要的是你要积极调整心态、树立远大目

标，脚踏实地地行动起来。只有这样，你才可以反败为胜，改变局势，才能更好地成长。

丹尼斯在某保险公司工作快一年了，第一天工作时，他打的第一个电话让他难以忘怀。当他满怀热情地拨通电话，与自己的第一个客户联络时，让他想不到的是，他刚表明自己的身份，对方就十分生硬地打断了他的话，不但拒绝了他的推销，还将他骂了一顿，并声称自己身体很好，完全不需要保险。从那以后，再打电话推销时，丹尼斯心中便不自觉地有了阴影，说话不再立场明确，讲解也变得吞吞吐吐，这样的结果当然是没有人愿意向他买保险。

时间一长，这个阴影越来越大，大得让他已经没有足够的勇气拿起电话，工作业绩也是零。于是，他开始否定自己，想着自己或许不合适这份工作，没有很好的口才，也没有打动他人的才能，他变得心灰意冷。经理了解后，鼓励他说："要给自己一个机会，没有人生来就是成功的，也不会有人一直失败下去。"听了经理的话，丹尼斯深受激励与鼓舞，他鼓起勇气，决定再搏一把。他在客户资料里找出一个以前联系过却被拒绝的客户，细心研究了他的个人需求，并精心为他挑选了一份合适的险种。在一切准备就绪后，他信心十足地拨通了客户的电话。这一次他说话条理清晰，解答全面，用一颗真诚的态度赢得了这个客户，签下了这个保单。丹尼斯终于突破了自我设限，品尝到了成功的味道。

所以，我们要对自己的才能信心十足，不要让外界的不利因素捆绑了头脑，束缚了手脚。

美国富有影响力的总统罗斯福曾说过："不经过你的同意，没有人可以让你觉得你低人一等。"如果你认为自己低人一等，那也是你自己决定的，你本来并非如此。人们常常会拿过去作为参考，今年计划赚多少钱是根据上一年的赚钱总额来推断的，今年有怎样的职业规划也是根据上一年的工作情况来设计的。那么，我们为什么非要看上一年，而不是看看现在，看看今年呢？

自我设限常常会让人们把自己放在一个低于自身才能的位置上。所以，我们要挣脱自我设限的枷锁，要信赖自己。

学会心理调节，对抗外界环境的干扰

人的一生不可能总是一帆风顺，在遇到挫折和失败时，学会心理调节不仅可以对抗外界环境的影响，还可以协助人们克服困难。

杰克逊是一名犹太裔心理学家，第二次世界大战期间，他和全家人都被关押在纳粹集中营里，并且受尽了折磨。没过多久，家人因不堪忍受纳粹的严酷折磨纷纷离他而去，只留下一个妹妹和他相依为命。此时，他的境况也十分艰难，随时面临着死亡的威胁。

集中营的生活，一开始他也觉得苦楚不堪，难以忍受。后来有一天，他忽然悟出了一个道理：就客观环境而言，我受制于人，没有任何自在；可是，我的自我认知是独立的，我可以主观地决定外界环境对自己的影响程度。

他认为自己有能力控制外界环境对他的影响。所以，他靠着各种各样的回想、想象与期盼，不断地充实自己的生活和心灵，不断磨炼自己的毅力，让自在的心灵逾越了纳粹的禁闭，他仿佛已经看到了生命的希望。他的这种行为和信念也影响了其他狱友，他们之间彼此鼓励，一直到战争结束。最后，他们终于重见天日。

杰克逊后来这样写道：

每个人都有自己的特殊工作和使命，他人是无法取代的。生命只有一次，不可能重来。所以，实现人生目标的时机往往也只有一次。人活一世，其实不是你在询问生命的意义，而是生命正在向你提出质疑，它要求你回答：你存在的意义在哪里？你只有对自己的生命负责，才敢理直气壮地回答这一问题。

在杰克逊一生中最苦楚、最艰难的时候，在他精神即将崩溃的时候，他靠自己的顿悟，不只挽救了自己，并且挽救了许多与他患难与共的同胞。其关键在于他能经过成功的心理调节，认清自我，打败环境，安全度过心理危机。

生活不可能永远一帆风顺，当你身处困境时，学会心理调节至关重要。冷静地处理心理压力并不是难事，那些在绝境中不惊不慌、沉着冷静的人并非天生就有这本领，他们也都是在生活中逐渐学会的。以下是自我心理调节的三种方法：

1.找到缓解压力最好的办法

生活中的压力可能并非来源于人们所处的生活困境，而是来源于人们对这些生活阅历所采取的反应。你无法操控生活降临到你头上的冲击，但你却能操控自己对待这一冲击的情绪。所以，在面临心理压力时，你应该做到：不要让压力占据你的头脑。坚信心态乐观是操控心理压力的关键，人们应将波折视为鞭策自己前进的动力，不要养成消极的思考习惯，遇事要多往好处想，洞察自己的心声。许多人对一些景象已构成条件反射，不假思索就做出反应。人们应多聆听自己的心声，给自己留一点儿时间，平心静气地想一想，并努力在消极的心态中加入一些积极的因素。

2. 尝试营造一种内心的平衡感

心理学家认为，沉着冷静是防止情绪失控的最佳办法。而每天早晨或晚上进行 20 分钟的盘腿静坐或自我放松术，就能营造一种内心平衡感。这种屏除杂念的静坐冥想不仅能降低血压，还能减少焦虑感。研究表明，过度焦虑烦躁的人每天花 10 分钟静坐，集中注意力数心跳，能使自己心跳的速度变得缓慢。10 个星期后，他们的心理压力均有一定程度的减轻。此外，按摩对减轻压力也十分有效。

3. 懂得平衡你的生活

现实生活中，经常听见许多人抱怨：我的时间总是不够用，工作总是干不完。这种焦虑和压迫感对许多人来说已成为他们生活的一部分。事实上，那些为工作或生活疲于奔命的人，并不懂得生活的真正含义。要平衡自己的生活，就应尝试换个角度想问题，抽空去想一想或回味一下那些令自己快乐的事情。

当你为琐事而焦虑不安、忧心忡忡时，你应想个办法来处理这一问题。一个行之有效的办法是把一切都写下来。每天早起 10 分钟，把自己的感悟写满 3 页 16 开的纸，事后不要修改，也无须再重读。过一段时间，当你把自己的烦恼都写出来以后，你会发现自己的头脑变得更加清楚，也能更好地处理问题了。

这种自我交谈的办法能帮助你处理许多问题。其实，在人们走向成功的道路上，都会有大大小小的心理压力，人们都应该经过成功的心理调节去掌握自我，迎接前面更加艳丽的风景，让人生处处洒满阳光。

命运操之在我，绝不受制于人

人的命运真是个奇妙的东西，往往不受自己控制。有句俗话说"造化弄人"，说的就是命运总是和我们作对，现在过的生活，并没有我们想象中那么美好。那么，命运真的无法改变吗？也许过去的生活已经无法改变，但未来的生活却有无限可能。能否让自己未来的命运朝着更好的方向发展，关键是要做到"命运操之在我，绝不受制于人"。

操之在我可以理解为：自己心境的操控权在自己手上，要彻底把握自己的心境，积极主动，使得自己的心境不会被他人所左右。不能操之在我，你将受制于人。受制于人的人容易被环境左右，比如被天气左右，天气好心境好，天气不好心境也不好；受制于人的人容易被他人左右，他人的行为会伤害他，他人的语言也会伤害他。受制于人的人往往过于感性，但操之在我的人则更加理性，不会让他人的行为伤害自己。

许多心态乐观的人都善于操控自己的心境，可以让自己活在快乐之中。人生在世，总会遇到许多的悲伤与苦楚，假如不能操之在我，不能掌控自己的心境，就会成为心境的奴隶，又何来乐观的心态？斯摩尔曾经说过："做情绪的主人，驾驭和把握自己的方向，使你的生命依照自己的意图去提供报酬。记住，你的心态是你——并且只有你——能够彻底掌握的东西，学着操控你的心态，并且利用积极心态来调节情绪，就能超越自己，走向成功。"

悲观的人总是受累于心境，烦恼、压力、失落甚至苦楚总是接二连三地向他袭来，所以频频抱怨生活对自己不公平，期盼某一天欢乐能从天而降。但不如意事十之八九，想让自己生活中不出现一点儿烦心事几乎是不可能的，关键是如何有效地调整、操控自己的心境，做生活的主人，做心境的主人。

其实，在人们的精神活动范畴中，在人们的日常生活里，在人们的工作中，在人们希望成功甚至正在走向成功的道路上，都会出现大大小小的挫折和失败，人们应该尝试经过心理调节去超越自我、打败环境，使自己安全地度过危机。

由于苦难、逆境甚至是生理缺陷，造就了一些伟大的人物，因此在许多人的心目中便构成了一种对苦难和逆境的崇拜，而这种崇拜往往是盲目和消极的，实际上并非如他们想象的那样。不论逆境还是顺境，都要有一种积极健康的人生观，即使步入顺境也要努力为自己设置新的目标，并在追求这一目标中迎接新的困难和挑战，从而发展和完善自己的人格，绝不可以倒退或停留。总之，在困境中应该坚持积极的心态。

一个有抱负的人，肯定想在社会中实现自己的抱负，让自身价值得到社会认可。但是人们每跨出一步，肯定会遇到一些预料不到的阻力。不同的环境对人们的作用是不同的。

顺境与逆境、苦难与幸福使当事人付出的代价也是不同的。人生的哲学不是在陈述和分析这些代价后，使人见异思迁或替自己的堕落与沉沦辩护，而是协助人们认清现实，更好地适应所处地位的沉浮与所在环境的变迁。所以，我们应明白一点：操之在我，做自己的主人。

接受不完美的自己，迎接阳光

对绝大部分人来说，正确评价自己、接受不完美的自己至关重要。一个人如果连自己都无法接受，那他就谈不上喜欢自己，以及正确

客观地评价自己。

一个人如果不能接受不完美的自己，就会常常心情郁闷，对生活中的一切都失去兴趣；他以为自己思想怪诞，质疑自己患有某种精神疾病；他还常常抱怨周围的亲友、同事、邻居不能理解他。实际上，他没有任何精神疾病，问题在于他不能接受不完美的自己，因此影响他对他人的认识，进而面临其他方面的困难。

只要接受不完美的自己，就能建立正确的自我价值观念，进而适应各种环境，让自己的心态、性格健康发展。接受不完美的自己，去除自卑感，是让一个人可以迎接阳光的重要前提。在这个社会上没有十全十美的东西，也不存在完美的人。但在认识自我、看待他人的具体问题上，许多人依然习惯于寻求完美，求全责备，对自己要求样样都好，对他人却往往是全面衡量。

人可以认识自己、操控自己的命运，人的自信不只在于信赖自己有才干、有价值，同时也在于信赖自己有缺陷毛病。人们抛弃了完美，就会明白每个人的两重性是不能更改的。所以，人们应当坚持这样一种心态和感觉，要知道自己的长处、优势，也要知道自己的短处、缺陷，知道自己的潜能和特长，也知道自己的困难和局限，自己永久具有灵与肉、好与坏、真与伪、友好与孤单、坚定与灵活等多方面的两重性。

自我包容的人，可以正确、客观地评价自己，也能正确理解和看待他人的两重性，这样就可以抛弃骄傲自大、清高孤僻、鲁莽草率之类的性格缺陷。人们以这种自我肯定、自我包容的观念认识自己并付诸行动，就能从本身条件不足和所在的不利环境中解脱出来。

任何人都有缺陷和短处，只不过体现在不同的方面罢了。因此，人人在自我体现和与人往来中都难免有笨拙的表现。有些人由于不能正确客观地看待自己的缺陷，不能拿出勇气去提高自己、突破自己。

所以，他们甘愿不做事、不讲话、不玩乐交际，更不想在他人面前暴露自己的缺陷。如在灯光艳丽、乐曲悠扬的宴会厅里，他们很想站起来跳舞，可是由于怕他人笑话自己，就宁愿做一晚上的看客。跳得好的人越多，他们就越没有勇气。

美国著名的管理学家彼得·德鲁克在《卓有成效的管理者》一书中写道：倘若一人没有短处，那他最多是一个平凡的人。所谓"样样都是"，肯定一无是处。才华越高的人，其缺陷往往也很明显，因为有高峰必有低谷。

谁也不可能是完人，与人类现有的博大的常识、经验、才干的汇集总和相比，任何伟大的天才都不及格。一位管理者假如只能见人之所短而不能见人之所长，从而故意挑其短而不着眼于其长，那么这个管理者本身就是弱者。人们有必要不断地提高和完善自己，有必要学会自我肯定、自我接受，才能正确地评价自我价值。

那么，怎样才能增进自我接受感呢？

首先，要打败完美主义。这个社会并不完美，所以人们应当知足常乐。要容忍体谅，不但要宽容待人，还要不苛求自己。不做时间的奴隶，记住"欲速则不达"，但要尽可能地在规定时间内完成工作。

其次，要做到正确客观地认识自己。自知者明，自胜者勇。你可以通过比较法（与同龄、同条件的人相比较）、观察法（看他人对自己的情绪）、分析法（分析自己，了解自己的工作成果）等来认识自己。

再次，要建立符合自身情况的奋斗目标。这样一来，你才有机会充分发挥自己的智慧，才能有效地增加自己的自信心。

最后，要不断丰富自己的生活经验。每个人都要经历适应环境的过程。在这一过程中你也许发挥了才华，也许暴露了缺陷，正反两方面的经验都将加深你对自己的了解。

最重要的是诚实坦率、正确客观地分析自己。要有勇气承认自己在才能或能力上的缺陷；要肯定自己的长处，扬长避短；要肯定自己的生活方式，并可以承受工作上的压力。如果你做到以上几点，就能够进一步提高自我接受力。

积极的自我暗示，重塑成功形象

积极的自我暗示，是一种实实在在的精神力量，可以让人保持持久的奋斗激情，不会因为一时的挫折而丧失斗志。对某种事物进行正面的、积极的叙述，这是一种强有力的技巧，一种能在短时间内调整人们对生活的情绪和期望的技巧。这种技巧的使用非常广泛，无论是在战场上指挥千军万马的将军，还是团队中的管理者，通过这种技巧鼓舞士气，往往能够创造奇迹，让团队爆发出难以想象的力量。

约翰·伍登是一位著名的篮球教练，在40年的教练生涯中，他所带领的高中和大学球队取胜的概率在80%以上。最让人津津乐道的是，在他最后的12个赛季里，他所带领的球队加州大学洛杉矶分校赢得了10次NCAA总冠军。

这么傲人的成就，让伍登成为有史以来最成功的篮球教练之一，这一点是大家公认的。伍登给大众最深刻的印象，就是永远保持积极进取的状态。有一次，记者采访他："伍登教练，请问你如何让自己保持积极的心态？"伍登想了想，认真地回答道："我每天睡觉以前，都会提起精神告诉自己，你今日的表现很好，因此明天的表现一定要更好。"

"只要这么简短的一句话吗？"记者感到有些难以置信。

伍登睁大了眼睛反问道："简短的一句话？这句话我可是坚持了20年！虽然只是一句话，关键是在于你有没有坚持去做，假如无法持之以恒，就算是长篇大论也没有任何作用。"

伍登教练采用的这种方法看似简单，其实是非常实用的自我暗示。

其实自我暗示有许多种办法：可以默不作声地进行，可以大声地说出来，还可以在纸上写下来，更可以歌唱或吟诵，每天只需进行10分钟有效的练习，就能改掉人们许多年的思想习惯。归根结底，都是一种积极的心态在起作用。人们有时能体会到心理暗示的神奇，当我们挑选积极的语言和概念来自我鼓励时，就可以很容易地创造出一个积极的结果。

运动员摩拉里从小就有一个梦想，他渴望能够站在奥运会的领奖台上，成为世界冠军。

1984年，一个机会出现了，他成了全世界最优秀的游泳者之一，但在洛杉矶的奥运会上，他却只拿了亚军，愿望并没有实现。

他没有放弃理想，依然每天在游泳池里刻苦训练。这一次的目标是1988年韩国汉城奥运会金牌，但他的愿望在奥运预选赛时就破灭了，他竟然被淘汰了。

带着失败的不甘，他离开了游泳池，将愿望埋于心底，跑去康乃尔念律师专业。大概有3年的时间，他都很少游泳。可是他心中一直有股烈焰，他无法抑制这份渴望。离1992年夏季赛前不到一年的时间，他决定再次背水一战。在这项属于年轻人的竞赛中，他算是高龄选手了，就像拿着枪矛戳风车的现代唐·吉诃德，想赢得百米蝶泳的想法简直异想天开。

在这一段时期，他又遇到了各种磨难，各种打击纷至沓来。但

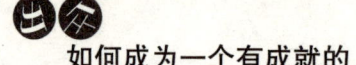
他没有退缩，不停地暗示自己："我能行。"最终，在不停地自我暗示下，他不仅成为美国代表队成员，还赢得了初赛。

他的初赛成果比世界纪录只慢了一秒多，奇观的发生离他仅有一步之遥。

决赛之前，他在心里详细规划着竞赛的赛程。在脑海中，他将竞赛预演了一遍。他坚信最后的成功肯定属于自己。

竞赛如他所预想的，他真的站在领奖台上，星条旗冉冉升起，美国国歌响起，他颈上挂上了期盼多年的奥运金牌。摩拉里没有被消极思想所打败，在艰苦的环境中，他不断地进行积极的自我暗示，终于打破纪录，获得了成功。

自我暗示是世界上最神奇的力量，积极的自我暗示往往能激发人的潜在能量。自我暗示对于人们的生活如此重要，几乎是无时不在的存在。因此，每天清晨不妨先告知自己今日会有个好心境。每当有重大挑选和决定时，暗示自己：我做出的选择是明智的。进行积极的自我暗示，等于创造幸福生活，与成功人生为伴，它会创造奇迹。

积极释放压力，别让精神消沉

我们常常说压力山大，什么是压力，我们为什么会感受到压力？压力泛指形成生理或心理不正常的干扰。其实，人们一直生活在两种压力下，一是作用于躯体的物理压力，如大气压、地心引力、心脏脉冲力等，这些压力维持着人们的生命形式；二是内在的精神压力，如生存竞争的压力、对危险和死亡的惊骇、人际交往压力、心境与情感的压力等，这些压力维持着人们的警觉（清醒状态）和行为形式。

在这里，我们讨论的是精神上的压力。用学术一点的话来说，当生活中的"要求"高于他的接受能力时，其生理和心理便会有不同程度的反应。初期会疲倦、暴躁，而后会神经衰弱、焦虑。导致压力的原因有很多，可能是混有多个因素的，也可能是外界或自己对自己要求太高，或感觉自己的才能不够，我们内心就会无比焦虑。

生活中，每个人或多或少都能感觉到压力的存在，有的人甚至会觉得喘不过气来，这些压力来自工作、生活、学习、交际等。精神上的过度压力常常会使人产生自卑、暴躁、悲观、失望等消极情绪，影响人们的正常生活和工作，甚至会导致十分恶劣的局面出现。

从压力的根源来讲，挫折可以带来压力；批评可以带来压力，甚至让人焦虑不安；偏见也可以给人带来无形的压力。面临压力，我们不能束手待毙。我们要善于化解压力、使用压力，这才是具有积极心态的人的作为。

张云云是某家网站的主管，她对待压力的观点是：由生活、工作所造成的心理压力，是我们无法避免的现代病之一，既然无法避免，那么处理的办法就不应是回避而应是积极面对。她常说："主动、正确地去解决各种问题、困难，你得到的回报是快乐和自信；相反，被动应付的做法会使你疲惫不堪。"

面对压力，她有两件强有力的武器：第一件是缜密的工作方案，不管你选用计算机，还是用铅笔和纸来做都无关紧要，重要的是要用制定方案的办法来坚持清醒的头脑，要清晰先做什么后做什么，哪些是重要的、哪些是次要的。

"那么，每天面临一份如此详尽的工作方案，你不觉得累吗？"有人这样问她。

"噢，不！一点儿也不累！"伴随着轻松的笑声，她亮出了自

己的第二件"武器",那就是灵活性。"我的方案本身就具有适当的灵活性,我不仅在方案里写下'要做什么',也可以写上'可以不做什么。'"她幽默地说道,"比如陪孩子看场足球赛,每月与老公出外共进一顿浪漫的晚餐,这些都没写进我的方案里,却是一定要努力做到的,别的事则可以量力而行。记住,'非做不可的工作'不能太多。"

其实关于压力,每个人都有自己独特的排解办法,并不一定要和别人的办法一样。

总结前人的经验,人们从种种主张中,归纳出以下几种可供选用的办法:

1. 说出你的想法

诚实地发表你的意见,这一点很重要,尽管这有可能会惹恼他人而引起争论。如果确定他人的某个请求是不合理的,你就要说出自己的想法。当人们请求你帮他们做工作而给你造成压力时,你一般很难说"不"。但是在答应下来之前,你不妨先考虑一下,你是否可以做,或者是否甘愿做他们要求你做的工作。

如果你不能做或不想做,就要学会拒绝他人的请求。当愤怒和挫折无法发泄时,人就会郁闷、沉默、唠叨、指责或背后诽谤,不能表达自己的意见,从而出现"消极—挑衅"的行为。这种行为对健康有害,由于被压抑导致的挫折或愤怒会对免疫系统造成伤害。

2. 阻止争论

每个人都遇到过与朋友、家人或同事在某个问题上发生冲突的情况。争论会形成压力,但冷静、克制以及据理力争会缓解这种压力。

3. 自我激励

倘若你能从过错中吸取教训，并在下一次更正。暗示自己："我已经做得很好。""对我来说已经足够好了。""金无足赤，人无完人。""即使我不停地失败，人们仍会喜欢我。""犯错并不意味着做人的失败。"

4. 努力过好每一天

要过好每一个今天，每一个今天过得好，就是一辈子过得好。

要想过好每一天，就要学会计算自己的幸福，以及计算自己做对的工作。但在计算过程中要懂得有舍有得，这就是"舍得"。记住，是"舍"在先，"得"在后。这个社会上的所有事情总是有"舍"才有"得"，或者说是"舍"了肯定会"得"，而"一点都不愿舍"或"全部都想得到"必将事与愿违或一事无成。

5. 学会正视现实

面临一个无法改变的事实，最好的办法就是接受它。不管出现了什么意外，哪怕是天大的事情，也要记得对自己说："不要紧！"记住，积极的心态是处理任何问题和打败任何困难的第一步。要知道风雨之后总会有彩虹，因为天不会总是阴的，阳光迟早会洒满大地。自然界是这样，生活也是这样。

6. 不要拿过错惩罚自己

首先，不要拿他人的过错来惩罚自己。现实生活中有许多人不怕苦、不怕累，却受不起委屈。其实，你之所以感到委屈，就是因为他人犯错，你没犯错，而你却受到了同样的惩罚。其实，遇到这种情况，解决它的最好办法就是一笑了之，不把它当一回事。

其次，不要拿自己的过错来惩罚他人。假如自己受到了委屈或不公正的对待后，也去委屈他人或不公正地对待他人，这样只能让自己再次遭到伤害。

最后，不要拿自己的过错来惩罚自己。

社会上没有完美的人，每个人都会犯错。所以做错了事，不要紧，只需认真地找出原因，从中吸取教训，及时改正了就好。

热情固然好，持久专注更重要

热情是兴趣的伙伴。如果一个人对某件事丝毫不感兴趣，不仅做起来会感到枯燥无味，而且维持不了多长时间就会冷下来，更谈不上取得大成就。同时，如果一个人有了兴趣、有了热情，却总是不专心，那样也是干不出多大名堂来的。因为不专心，就会分散注意力；因为不专心，就可能发现不了潜在问题，找不到兴奋点，热情自然会慢慢消失。所以，热情固然好，但是持久、专注更为重要。

试问，怀拉要是没有持久训练笑的热情，他会成为年薪百万的推销寿险的高手吗？罗丹要不是"精雕细刻"，他会成为一名伟大的雕塑家吗？现实中，许多人总有这样一个毛病：盲目跟风。他们对日新月异的世界保持着一种本能的敏感，不甘落伍，不甘心被时代所淘汰，一旦出现新的诱惑，他们就会把刚刚选定的东西毫不犹豫地抛弃掉。如此一来，他们始终只是浮在生活的表面。

作家茨威格居住在巴黎的时候，罗丹曾邀他到其工作室谈论艺术，话没讲几句，罗丹就开始对着一尊看上去已完工的雕塑进行加工：这儿的线条粗了点，那儿的轮廓还不甚清晰……罗丹一边自言自语，一边拿着泥刀进行修补。待基本满意准备出门时，一眼看见茨威格坐在椅子上，才想起他是自己请来的客人，赶忙对他表示了一番歉意。然而，茨威格却在那一刻学到了他一生中最重要的东西，那就是对工作的热情、专注。

不难看出，拥有持久专注的热情至关重要。试想，一个人如果做什么事都保持不了三分钟的热度，是很难取得成功的。比如说，一个人一会儿尝试写作，一会儿又热衷于摄影，一会儿想着"下海"，一会儿又玩起了股票……刚开始时热情高涨，可过不了多久，他的热情就会转移。世上哪有立竿见影的事，只要再坚持一下，兴许就会取得成功。

美国职业棒球明星威廉·怀拉，40岁时因体力不支而告别体坛。当时，怀拉很想马上得到一份工作。一开始，他认为这是一件很简单的事情，因为他觉得，就凭他的名气，到保险公司应聘推销员，一定会万无一失。事实上，他想错了。人事部经理说："干保险这一行，必须有一张迷人的笑脸，但你没有，我们很难录用你"。就这样，怀拉被拒之门外。

尽管遭此冷遇，怀拉并没有打退堂鼓，而是决心像当年刚涉足棒球领域一样，从零起步。于是，他开始学习"笑"。他每天都在客厅里放开嗓子笑上几百回，邻居们都误认为失业对他打击太大，神经出了毛病。怀拉也觉得这样不太好，为了不打扰邻居，就到厕所里去训练。

几个星期以后，怀拉去见经理，当面展开笑脸。可得到的仍是冷冰冰的拒绝："不行！笑得不好。"再次被拒绝，怀拉并没有悲观失望，他到处搜集笑容迷人的名人照片，然后贴在卧室的墙壁上，随时进行模仿。此外，他还把一面大镜子放在厕所里，为的是训练时能够更好地进行纠正。

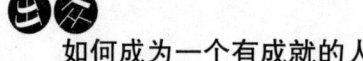

就这样练了一段时间，怀拉又去见人事经理，露出了笑容。"很好，进步不少，但吸引力还不够。"人事经理说。怀拉天生就倔强，不达目的决不罢休，回家后继续苦练。

一天，他在路上碰到一个朋友，非常自然地微笑着打招呼。朋友格外惊叹："怀拉，一段时间不见，你的变化真是太大了，和过去相比，简直判若两人！"得到朋友如此的评价，怀拉信心百倍地去见经理。"你的笑的确是不错了，只是并非真正发自内心的那一种。"怀拉还是没退却，仍然坚持努力，最终被保险公司录用。

回想过去，这位棒球明星严肃冷漠的脸上，现在所绽放出的，完全是发自内心的孩子般的天真笑容。这笑容是多么天真无邪、多么迷人。正是靠着这张并非天生而是旷日持久苦练出的笑脸，怀拉成了美国推销寿险的高手，年薪突破百万美元。

后来，怀拉总结自己的成功经验时说："人是能够自我完善的，关键是你有没有热情，而且是持久的热情。"

从事写作的人，更要耐得住寂寞。如果你偏偏是个喜欢热闹的人，屁股坐不住板凳，那就很难专心地做事。可是，也有的人坚持十年矢志不移，发表了五十多万字的作品，却没见他有什么进展。于是又决定经商，可是轮到他干的时候，市场该有的东西都有了，并且多得卖不出去，结果又是没能坚持下来。之后，又改玩股票，两年下来没"赢"没"输"，得失基本相抵，只是搭进去许多时间，外加精神上的忽喜忽悲……接下来他又不知要对什么东西感兴趣。其实，以他的智商和才情，如果能定下心来，专注于某一件事，也能有一笔不小的收获。

大千世界，外界的诱惑很多，只有那些有远见，对诱惑并不动心，内心永葆一片澄明的人，才会对工作有持久热情，才会取得最后的成功，成就完美的自己。

第三章

永葆进取心，缔造伟大成就

　　成功是一个不断追求的过程，只有永远保持进取心，才能不断进步，不断超越现状。进取心是一种积极向上的心态，也是一种不甘落后的意志，更是一种追求更高价值的境界。

年龄不是问题，只要内心"永远年轻"

每个人都希望自己永远年轻，因为年轻代表着有活力，代表着有冲劲。但一个人的生命从年轻到衰老，是无法改变的自然规律，人们为了延缓衰老，为了让自己多一些年轻时光，开始努力寻找各种养生秘方，比如保健品、保健器械、化妆品、医疗美容……然而，当我们过分关注外在的同时，却忽略了保持青春的另一个重要方面：保持一颗年轻的心。

一个人年轻与否，除了生理年龄和外表外，更重要的是心理年龄，即是否拥有年轻的心态。现在有很多二十几岁的年轻人，偏偏一副老气横秋、暮气沉沉的样子。他们无欲无求、安于现状、不思进取，并且把这种状态称之为"佛系"。如果你只有一个年轻的外表，而没有一颗年轻的心，那你的"年轻"也不会保持太久。保持年轻的心态并不意味着要放弃做一个成年人，回归孩童的幼稚，而是要求我们对待现实要积极一些、热情一些。

心态年轻的人永远不会老，比如年过八旬还保持创业激情的"褚橙"创始人褚时健。

褚时健的人生跌宕起伏，充满传奇色彩。他青年从政，中年从商，退休前夕时从巅峰摔落，银铛入狱。17 年刑满之后，他仍然在74 岁的高龄创业，并以"励志橙"而重振声名。很少有人不佩服褚时健，他在 74 岁高龄与妻子包山种橙，花了 10 年时间让"褚橙"从云南红到北京，创造了新的传奇。

当看到这样不服老的褚时健，谁还好意思说自己老了呢？对于热爱生命、积极奋斗的人来说，年龄只是一个数字，心态年轻才是最重要的。你若认为自己衰老，就会变得老气横秋；你若认为自己年轻，就会变得生机勃勃。岁月只能在人的皮肤上留下皱纹，失去对生活的热情会使人的心灵起皱。人的一生必然从青年走向老年，只要珍惜和把握，无论在哪一个年龄段，都可以创造出人生美景。无论过去还是现在，"不服老"的人大有人在。除了前面提到的褚时健，还有美国名将麦克阿瑟。

麦克阿瑟是美国历史上卓有成就的一名五星上将，同时也是获得功勋较多的军人。他投身军旅52载，身经两次世界大战，时时刻刻都以"责任、荣誉、国家"为理念。他的名言"老兵不死，只有悄然隐去"在人们心中留下深远的回响。

麦克阿瑟一生都十分自信、满怀希望，他虽然自称老兵，但却从来不服老。他在晚年时，曾经发表了一篇很有意思的文章："年龄使皮肤和灵魂起皱纹，并使你放弃兴趣、爱好，但这并不能证明你已经老了，实际上还很年轻。你有信仰就年轻，你若疑虑就年老；你有自信就年轻，你若恐惧就年老；你有希望就年轻，你若绝望就年老。在心底深处藏有一间记录室，如果永远收到美丽、希望、愉快和勇气的讯号，你就永远年轻；当你的心房被悲观和大儒主义所掩蔽时，你就只有渐渐变老、渐渐凋零了。"

无独有偶，塞缪尔·尤尔曼，一个大器晚成、70多岁才开始创作的作家，在作品《年轻》中这样写道："年轻，不是人生旅程中的一段时光，也不是红颜、朱唇和轻快的脚步，它是心灵的一种状态，是头脑中的一个意念，是理性思维中的创造潜力，是情感活动中的一股勃勃生机，是使人生春意盎然的源泉。"

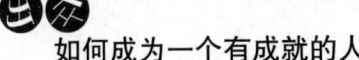

年轻，并不只是一个年龄的概念，更是一种状态。无论是 70 岁还是 17 岁，每个人的心里都蕴藏着神秘的力量，都会对进取和竞争怀着孩子般的无穷无尽的渴望。在每个人的心中，都拥有一个类似无线电台的东西，只要能源源不断地接收美好、希望、欢乐、勇气和力量的信息，就会永葆年轻。而年龄的增长会让你变得更加成熟，代表着你将超越羞涩、怯懦的胆识拥有勇气，并不意味着你将失去年轻，只要你心态积极，你就会永远年轻。

永远年轻的状态，需要用对生活的热情和对挑战的勇气去维持；否则，你的心便会被玩世不恭的冷漠和悲观绝望的严酷所覆盖，哪怕你只有 20 岁，你也会衰老。但如果你永远保持热情和不服老的精神，捕捉每一个积极进取的音符，那么即便到了古稀之年，你依然有一颗年轻的心，依然可以开创出全新的生活。

永葆进取心，才能不断进步

人生如逆水行舟，不进则退。因为社会是不断发展的，你不进步，别人就会超越你，你自然就落后了。拥有强烈的进取心，你就会更积极地学习、更认真地工作，对别人更加负责任。只有进取心才是永恒的动力，才是竞争的优势，才是前进的保障。戴尔·卡耐基说过，不断进取，是成为一名杰出人物的基本素质。成功是一个不断追求的过程，只有永远保持进取心，才能不断进步，不断超越现状。

进取心是一种心态，一种积极向上的心态，一种不甘落后的心态，一种追求更高价值的心态。

美国 NBA 的传奇人物迈克尔·乔丹曾经说："从'不错'迈入'杰出'的境界，关键在于你自己的心态。"也就是说，你可以安于"勉强说得过去"的状态，也可以不断地超越突破，创造更优异的成绩，决定最终结果的关键因素在于你是否拥有进取心。

事实上，一个尽职尽责、按时完成分内工作的员工只是一名称职的员工而已，称不上是优秀的员工，更不能说他热爱自己的工作或事业。他的一生注定平凡，甚至可能平庸。一个真正出类拔萃、有所作为的员工，必会积极进取，不安于现状。他工作不只是为了薪水，更是为了创造更高的价值，为了在工作过程中追求自己能力的提升，并获得更多人的认可。

拿破仑·希尔对进取心的解释是："一个人在没有被别人吩咐去做什么事情之前，就应该主动去做他应该做的事情，寻求自我的提升和突破。他是在为自己工作，而不是在为别人工作，他的工作不只是为了钱、为了温饱，他有更大的追求。"拿破仑·希尔还说："这个世界上只有一件事能无数次获得各种大奖，能创造出无限的价值，其中包括金钱和荣誉等所有人都渴望的东西，那就是进取心。"

心理学家将社会中的人分为四种，第一种人会主动去做他应该做或者他认为有价值的事情；第二种人习惯于服从别人的命令，当有人告诉他他该怎么做时，他会立即去做；第三种人只有当后面有人踢他、赶他时，他才会去做他应该做的事情；还有一种人更糟糕，他们根本不会去做应该做的事，即便是有人教他该怎么做，并陪着他做，他也不愿做。

成功者往往是第一种人；第二种人能平凡地度过一生；第三种人比较被动，能衣食无忧已经不错；第四种人则很难得到别人的信任和帮助，他们仅仅是为了活着而活着。

只为成功找理由，不为失败找借口。一个人要想不断进取，要想提高自己的进取心，就必须克服自身的惰性，避免拖拉。同时，还必须提高自己的执行力，要敢于行动，更要善于行动。

克服拖延的恶习，培养进取心，可从以下三点做起。

①每天完成一项明确的任务，而且不等别人指示和催促就已经完成；

②每天做一件对自己或对他人有意义的事，掌握做这件事的方法，但不要期望获得太高报酬；

③每天晚上睡觉之前对自己当天主动完成的事情进行回忆，看看自己或别人因此得到了哪些收获，并且激励自己要更加主动积极，从事更多类似的活动。

一定不要为了完成任务而工作，不要只为了赚取工资而工作。积极进取就是要完成更多的工作，提高工作的效率和价值，以此来证明自己的实力，提高自己在别人眼中或整个组织中的分量。当进取心促使你把自己变成了组织需要的人，甚至是无法替代的人时，你自然就能得到希望获得的东西。

拿破仑·希尔曾经在自己忙不过来的时候聘请了一名年轻的小姐当他的临时助手，替他拆阅、整理以及回复大部分私人信件。刚开始，她的工作是听拿破仑·希尔口述，记录他的信件内容，她的薪水和其他从事类似工作的同事一样。有一天，拿破仑·希尔口述，让她记录了这样一句话：你唯一的限制就是你自己脑海中所设立的那个限制。

当她把记录好的内容交给拿破仑·希尔的时候，说道："您刚才的那句话很有启发，对我很有价值。"然而，这件事并未在拿破仑·希尔的脑海中留下深刻的印象，但他看得出来，从那天起，这位临时助手的工作态度发生了很大的变化。她每天晚餐后经常回到办公室来完成一些不在她职责范围内、也不计报酬的工作，并把一些整理好的信件和写好的回信送到拿破仑·希尔的办公桌上，等他第二天检查之后做进一步的处理。

她认真研究过希尔的语言风格和处事习惯，因此，她写的许多回信令希尔很满意，有时甚至比希尔自己写得更好。她一直保持着自愿加班的工作习惯，并努力地把自己的工作做得更好。她也从一名临时助手变成了希尔重要的助手，直到希尔的秘书辞职。

当希尔准备找人来接替秘书的空位时，第一个想到的就是那位女助手。

事情尚不止如此，由于这位女助手的工作效率太高、太出色，引起了很多企业老总的关注，他们便以更高的职位、更多的薪水聘请她。为了挽留这位工作能力超强的女助手，希尔不得不成倍提高她的工资，并给予她更多福利。希尔甚至不敢想象，一旦失去这样一位秘书，自己的工作将会陷入怎样的状况，将会遭受多大的损失。

一个人只要能永远保持进取心，并以实际行动为自己、为他人创造更多的价值，成为一根"柱子"而不仅是一块"楼板"，那么他就不愁未来无路。

一个具有强烈进取心的人绝不会满足于现状，他们会不断地追求新的目标，追求更高的位置。这里的"位置"，不仅是指职位和地位，还包括自己和别人对自己工作表现的评价与定位。一个具有进取心的人，往往能得到更多的支持与信任，不但能获得上司的加倍重视，还能赢得更多的朋友和追随者。

有进取心的人会时刻提醒自己：我能够做得更好，并愿意加倍努力，以行动取胜。

向梦想宣战，成为最大的赢家

梦想是成功的前提。一个没有梦想的人，往往找不到自己的发展方向，从而很难更有效地前进，难以获得更大的进步。很多父母阻止子女去追求更加美好的生活，理由是不可能存在那样的生活。他们要求自己的子女满足于一项普通的工作，过一种平凡甚至平庸的生活。这些做父母的自己不知道，也不告诉自己的子女，所有富有的人、所有的成功者都是从贫穷或失败中走出来的，比如林肯、里根、福特、李嘉诚、王永庆等。世界上的富翁和伟人，他们的富有和成功都是强烈追求自己梦想的结果。

一个真正渴望成功的人，不会因为现实的境况恶劣而束缚自己的思想，他们敢于追求自己的目标，相信自己有能力去实现这样的目标，并为实现自己的目标而不懈奋斗。聪明的人不会按照别人的发展模式或成功标准来制订自己的人生计划，他们会通过自己的思考，去寻找适合自己的梦想，并采取适合自己的方式去实现它。

虽然树立适合自己的梦想至关重要，但是有了梦想只是有了成功的基础，只是迈出了通向成功的第一步，并不一定能够获得真正的成功。要想最终实现梦想，你必须把梦想转化为实际行动，向梦想宣战。

一个没有梦想的人是可悲的，一个空有梦想没有行动的人是可怜的。行动源于梦想，而梦想又要靠行动去实现。一个人空有很多梦想，却没有实现的能力和信念，他最终的命运和没有梦想的人是一样的。树立梦想是一种积极的态度，但仍是不完整的，真正的积极态度不但意味着要有正确的想法，更要有积极的行为，并使其产生良好的结果。

"钢铁大王"卡内基原本只是一家钢铁厂的普通工人，但他凭着"要制造和销售比其他同行更高品质的钢铁产品"的梦想和坚定的信念自己创业，最终成了全美国乃至世界钢铁行业的领导者。

我们每个人都渴望得到那些自认为可以代表成功的东西，或者说成功的象征，如权力、金钱、名誉、尊重等。很多人把获得这些东西当作自己的梦想，并且采取了行动，但是他们却没有坚定的信念。当遇到困难和挫折的时候，他们便开始怀疑梦想的正确性和可行性，然后开始松懈、放弃。其实这种人的态度是值得怀疑的，他们只有短暂的热情，没有真正树立起正确积极的心态。

迈克尔·戴尔是世界著名的个人电脑生产和经销商"戴尔集团"的董事长，他29岁的时候便成为美国的知名富豪。他的发迹既不是靠继承遗产，也不是靠买彩票中奖，而是追求梦想的结果。

戴尔是在美国得克萨斯州的休斯顿市长大的，父亲是医生，母亲是证券经纪人。受父母的影响，戴尔从小就勤奋好学，10岁时便开始尝试赚钱——在集邮杂志上刊登广告，倒卖邮票。后来，他用自己赚来的2000美元买了一台个人电脑。有一次，他突发奇想，尝试着把电脑拆开，研究它的构造和工作原理。

戴尔对财富具有极大的兴趣，他很早就有了自己的财富梦。上高中时，他靠为报社拓展客户赚了1.8万美元，他用这些钱买了一辆德国产的宝马牌小汽车，当时的汽车销售员看到这个17岁的年轻人竟然用现金付账，惊讶极了。

大学期间，戴尔经常听到同学们在讨论购买电脑的事，但由于售价太高，很多人都买不起。戴尔心想：经销商的运营成本并不高，为什么要赚取那么高的利润呢？为什么不由生产厂商直接卖给用户呢？当时美国主要的电脑生产商万国商用机器公司规定，经销商每月必须提取一定数量的个人电脑，而多数经销商都无法将所提取的货全部卖掉，经销商考虑到如果存货过多，资金就会紧张，因此只能以提高电脑售价的方式来缓解电脑积压所造成的资金问题。戴尔心想，对于长时间积压的电脑，经销商肯定愿意以低价将其处理。如果自己能将这些电脑的性能做一些改进，然后以较低的价格进行销售，可能会迎合学生等低消费人群，而自己则能从中赚取一大笔差价。想到这里，他便开始筹集资金，准备大干一场。

戴尔先与当地的几家经销商联系，表示愿意以成本价购买他们的积压电脑，对于这样的生意，经销商当然乐意。于是，他便购买了经销商的一些存货，然后拿到自己的宿舍里加装配件，改进性能。这些经过改装的电脑性能良好，而且价格适中，受到广大学生的欢迎。消息一经传出，社会上也有很多人来向他购买这种物美价廉的电脑。随着需求量的增大，他个人的能力已无法应付，便找了几个人做帮手，随后注册了自己的公司，他的事业正式起步。

由于戴尔是一边上学一边创业，父母非常担心他的学业会因此受到影响，于是劝他大学毕业后再去创业。但戴尔觉得机会难得，以后的竞争会越来越激烈，他最终与父母达成一致，全身心投入自己的事业。

如今，戴尔集团在全世界几十个国家开设了自己的分公司，员工已经达到上万名。戴尔电脑被销售到世界各地，每年的收入超过20亿美元，戴尔的个人身价也急剧上升。

戴尔能不断地摸索、尝试、发展，直到寻找到实现自己梦想的有效途径，他才能最终赢得胜利，正是得益于梦想的支持和激励。

一个人在成就自身的同时也实现了梦想，梦想必须要靠行动来实现，一个心中怀有梦想的人，最应该做的就是向梦想宣战，这才是真正具有积极心态的表现。梦想在于追求，而追求是一个艰难的过程，需要长期不懈的努力。在追求的过程中，对在前进道路上可能遇到的危机和问题要有足够的思想准备，要有坚定的信念，更要保持积极的心态。这样，当你实现了一个梦想之后，你就会习惯性地向着更高的目标迈进。

不向梦想宣战，梦想就会成为空想、幻想，就不可能产生任何价值。只要你认为你的梦想是正确的、具有极大的实现可能性的、是适合自己的，那么你就要立刻行动，向你的梦想进发。

行动战胜一切，别让自己懒惰

心动不如行动。最积极的心态就是积极行动的心态，因为从消极的心态转变为积极的心态，这本身就是行动的结果。

一个人行动与否，如何行动，都取决于他的心态。行动才能产生结果，不行动连失败的可能都没有，更别说获得成功。任何远大的理想、伟大的计划，任何宝贵的机会、优越的条件，最终都必须靠行动来实现，否则一切都是空谈。

俄国著名的剧作家克雷洛夫有一句名言："现实是此岸，理想是彼岸，中间隔着湍急的河流，而行动则是架在河上的唯一桥梁。"

我国古代有这样一则寓言，在一座大山里住着两个和尚，其中一个贫穷，一个富裕。

有一天，穷和尚对富和尚说："我想到南海去一趟,您看怎么样？"

富和尚回答："没有足够的盘缠，你靠什么去呢？"

穷和尚说："我带一个饭钵、一个水瓶就够了。"

富和尚不以为然地说："我3年前就计划着租一条船沿着长江

顺流而下，现在还没有实现呢！你还想拿着饭钵和水瓶去，恐怕是异想天开吧！"

穷和尚认真地说："我想试试看！"

第二年秋天，穷和尚从南海归来，将自己在南海的一些见闻告诉了富和尚。富和尚对此惭愧不已，并表示自己也要轻装上阵，明年夏天一定游南海。

等待就是拖延，拖延就是浪费生命，就是在毁灭自己。

人们常说："万事俱备只欠东风"。而当东风吹来的时候，原来的条件已经发生了改变，行动还是无法进行。做任何事情都不要等到万事俱备的时候才开始行动，因为条件永远都不可能完全具备，拖延只会浪费时间和机会。

成功要有明确的目标，要有良好的心态，要足智多谋、胆大心细，这不仅没有错，也是非常必要的。但更为重要的是行动，敢想更要敢干。如果你拥有一辆世界顶级的赛车，并且加满了油，明确了前行的方向和路线，要想夺得第一，你就要快速把车启动起来，并保持良好的速度和动力。

如果你想改变现状、有所成就，就不要当言语的巨人、行动的矮子，说一丈不如行一寸。

有一个希腊人非常勇敢，也非常聪明，但就是口才不好，不善于语言表达。有一次他参加一个重要的会议，与会者大都夸夸其谈，做了非常精彩的演讲。轮到他发言的时候，他站起来，憋了半天才说出一句话："我不太会说，大家说的事情我都要去做。"话虽简单，但动力十足，他赢得了最热烈的掌声。

拿破仑说："想得好是聪明，计划得好更聪明，做得好才最聪明。"不管你的目标是什么，不管你如何选择，也不管你知识多么丰富、能力多么强，行动将会证明一切，所有的价值都产生在行动之后。

行动是对目标的追求、是对理想的实践、是对才能的检验，行动需要动力，而动力来源于热情。热情是积极心态的最外在表现，有了热情你才会将自己的想法付诸行动，有了热情你才能将自己的行动坚持下去，才能够克服在行动过程中遇到的困难和问题。每一个成功者，都是富有热情的人，都是因为对自己理想的强烈热爱和追求，才创造出巨大的成就。

西班牙著名的成功学家巴尔塔沙·葛拉西安曾说过："有序的行动是成功的行动，无序的行动是盲目的行动，是危险的游戏。"光有热情还不够，周密的计划和准备是提高行动效率、降低风险的最佳办法。当我们树立了一个正确的目标以后，接下来最应该做的就是对行动过程进行规划，列出具体的行动步骤，并为可能遇到的问题和困难设计好解决方案。这样做能对你起到督促作用，防止拖延，并减少不必要的损失和麻烦。当你有了前进的步骤和计划以后，你就可以在实施每一阶段之前，提前做好准备，以方便后面计划的实施。科学地规划是一种行动策略，是扬长避短、趋利避害的有效方法。很多人都听说过"田忌赛马"的故事，齐国将军田忌之所以能够避开自己的弱势，赢得最终的赛马胜利，与他良好的策略是分不开的。

有了明确的目标和计划，就要及时、果断地行动，不要寻找借口，现在就是最好的时机。不要担心会出现问题、遇到挫折，只要在问题出现时有心理准备，能够对所发生的问题进行有效的分析和判断，凡事细心，你就能逐步实现目标。

心态决定行动，行动强化心态。行动就是要逢山开路、遇水搭桥，就是不畏艰难、始终如一。事实上，当你真正开始行动，完全融入其中的时候，你更关注的是行动本身，而不是困难和问题，因为行动会战胜一切！

只要你拥有一双勤劳的手和一颗坚定的心，那就行动吧，你一定会成功。

人生本多风雨，你要经得起折腾

一位失意的年轻人曾向自己过去的一位老师诉说自己如何的不幸。老师递给他一颗花生，说："用力捏它。"年轻人用力一捏，花生的壳便碎了，露出了花生仁。然后，老师叫他再搓搓它，结果花生仁的红衣也被搓掉了，只留下了白白的果实。

老师叫他再使劲捏捏，年轻人迷惑不解，但还是照着做了。可是，不论他如何用力，却怎么也捏不碎这粒花生仁。老师同样叫他再搓搓，结果还是搓不烂这粒花生仁。

最后，老师语重心长地劝导年轻人："虽然屡受打击与磨难，失去了很多东西，也改变了许多东西，但始终都要拥有一颗坚强不屈的心，这样最终才会实现梦想。"

一个人的一生不可能总是一帆风顺的，总会遇到各种各样的困难与挫折，就像唐僧必须在经历九九八十一难之后，才能求取到真经。如果在困难与挫折中失去了前进的方向，失去了前进的动力，那么，不管是做人还是做事，都是不会成功的。但凡有所成就的人，大部分都是从苦难中经历过来的。霍英东便是在不断地被雇用与不断地被解雇之中学会了坚强，让自己在挫折面前迸发出惊人的力量。

太平洋战争爆发后，日军迅速占领了中国香港。这时，霍英东的母亲与人合伙购置的"兴和"小火轮被日军征用了，生活没了着落，他也被迫辍学。和当时许多人一样，起初靠摆卖家里的衣服杂物度日。不久，生活又逼着他到轮船上去做伙计。轮船是烧煤的，他去做了铲煤工，这是他的第一个职业，那时他才18岁。

霍英东干得非常吃力，回到家里全身骨架像散了似的，倒下就呼呼大睡了。他只干了9个月，在裁员时就被老板解雇了。不久，霍英东花了10元日本旧军票，托人介绍到太古船坞抡大锤打铁。霍英东虽然当过火夫，但还是干不了这种要求极严的重活。接着，又有人叫他转到风炮铆钉处，霍英东抡起那"啪啪"直响的风炮，震得双手一直发抖。于是，他又被解雇了。

1942年夏天，日本军队扩建启德机场，征集大量劳工，霍英东经在机场里做事的朋友介绍，进了机场当苦力。而霍英东从他家所在的湾仔乘车到机场，路费就要8毛钱，但没有办法，他只好多吃苦跑路，省下这笔交通费。劳工们干的都是苦力活，挖石抬土，消耗很大，但食物却很少，一天只能吃到一碗粥和一块米糕，霍英东总是感到又累又饿。有一天，工头让他去搬重达100公斤的煤油桶，结果被砸断了一根手指！那工头也是中国人，出于同情，便把霍英东调去学做汽车修理工。可是没过多久，喜欢冒险的霍英东自己试开汽车，结果把车撞坏了，又被炒了鱿鱼。

不久，霍英东进了太古糖厂，在化验室工作。他做惯了粗工，笨手笨脚的，经常把玻璃器皿打碎。本来想多学点儿技术，却常常弄出点儿事。一次，他和另一打工仔用硫酸水制氢气，并用火点燃，氢气与空气中的氧气混合，轰隆一声巨响，他满脸玻璃碎片。糖厂的人以为是炸弹爆炸，结果他又被厂方辞退了。

那几年中，霍英东简直像俗话说的那样，人倒霉喝凉水都塞牙。有一天，他听说日本人高价收购海草制造药材，于是用经商的积蓄买了一艘大摩托艇，在炎热的夏天，带着80个渔民到东沙群岛上去采集海草。由于荒岛上缺乏淡水，缺乏食物，而温度又高达40多摄氏度，他们过着地狱般的生活，苦苦熬了半年，结果打回的海草卖得的钱刚刚能够开支，连一分钱都没赚到！不过，早年的艰辛和挫折，并没有打垮霍英东，他在不断的失败中吸取教训，学会了坚强，坚信自己总有崛起的一天！

当时，在湾仔附近有一家不大的杂货店，那是他母亲和13个合伙人共同买下的，霍英东曾在那里负责管理店务。那个店虽然小，生意却不差，有时他必须同时面对十几个顾客，应酬稍不周到，顾客就会掉头离开。他尽量做到眼快、嘴快、手快，留住顾客，做好生意。这种实际训练培养了他灵活的处事方法和敏捷的算术头脑，为他以后做大生意打下了坚实的基本功。小店早晨六点就开门，晚上十点才关门，没有星期天，没有节假日，甚至晚上打烊时还留着一扇小门，以备顾客临时需要。这样做，霍英东自然非常辛苦，但小店的经营却很有起色。

在这段日子里，霍英东起早贪黑，奔波劳碌，但"那是经营生意的好训练"。由于他用心经营，杂货店的生意日渐兴隆。这段生活，对霍英东是很好的磨炼，他从中获得了经营管理的良好训练，培养了坚强的意志和灵活的处事方法。

勇敢地面对挫折，是一种灿烂的美丽；培养坚强的意志也是一种美丽。

那些处在贫困生活中的人，用自己单薄的双肩承担着生活中各种各样的困难。在这样的家庭长大的孩子则在向人们展示不放弃追求美好的生活和辛勤的耕耘。

生活中总是会有风雨，郑智化曾唱道："风雨中这点痛算什么……"一个欲成大事的人更应该学习这种精神。经得起如此折腾的人，还有什么苦不能吃？

不再裹足不前，走出人生牢笼

有时候，我们不能对别人要求太高。既然都是寻常之人，都有着你我身上的那些缺点，你是什么样的，别人也不过如此。既然这样，你还有何理由去挑剔、去责怪别人呢？

虽然选择是如此的艰难，但选择后的结果都是一样的。既然选择了就要义无反顾，不再裹足不前。如果说你总是选择逃避，只能显示你的懦弱无能。所以，无论在何界域，你都要记住，只有自己才能拯救自己、主宰自己，别人只不过是沿途的伙伴。在人生的道路上，从始至终，觅得一志同道合之人，是一件十分幸运的事情。

小宋的第一个老板是个要求非常严格的人。而小宋本人呢，却生性懒散，始终抱着"不求有功，但求无过"的态度，来对待自己这份可有可无的工作。

有一次，老板把小宋叫到办公室，非常严肃地说："小宋，你知道我对你的看法吗？你是一个天生喜欢抱怨的人，不断地为失败找借口，所以你一直遭遇失败。你也很少积极地想办法去解决问题，从来不认为积极主动地完成工作是自己的责任，却将抱怨和找借口视为理所当然！"

小宋虽然没有立即反驳，但对这个评价很不以为然，自己难道真像他说的那么不堪吗？老板笑了笑，继续说："你的聪明才智应该用来思考如何更好地完成工作，而不是整日抱怨，把大好的光阴

白白浪费掉了。更有甚者，当你不愿意去做一件事情时，早在做它之前，就已经想好了借口。"

终于，小宋忍不住小声抗议道："我没有，有的工作确实超出了我的能力之外！"老板不紧不慢地说："难道我说错了吗？你最常见的借口就是：'我已经很努力了，但这种产品太没有名气了''我真是没有办法了，谁让对手太强了''我真的尽力了，不过我们的产品太贵了''我有什么办法，公司知名度那么低，谁会买咱们的商品呢'……"小宋有些脸红了，因为这些的确是他的口头禅。

老板继续揭发小宋："当你没有做好上司交代下来的工作时，就会说：'这工作我本来就做不了，他以为我是哈佛毕业的？''都怪他没有安排适合我做的工作，他就不能发现我的优点吗？''唉，都是环境不好''别的同事都不配合我，我怎么干得完呢？''他把我当成万能的主了，这种事情是我干得了的吗？'……"

小宋不得不承认了，但是仍然抗议说："那有什么奇怪，就连我的上司们，也会出现诸如这样的借口：'这个项目我真的尽力去做了，但我手下的员工太笨了''我不能同时做好几件事情的呀，他们也不帮帮我''真让人头疼，这些人太难沟通了'……"

老板叹了口气："你说的很对，你们如此煞费心机地找借口，却无法将工作做好，这实在是一件非常奇怪的事情。如果你们肯将一半的精力和创意用在工作上，一定能够取得卓越的成就。你不妨反过来思考，既然你这么善于寻找借口，那么试着将找借口的创造力用于寻找解决问题的方法，也许情形会大为不同。"

老板的一番话，深深地刺痛了小宋的心，小宋不得不开始反思了。

从高等院校毕业的小宋甚至很少触及自己的专业领域，怕唤醒自己学无所用的痛苦。每逢看到自己那些同学们纵横驰骋在职场，在事业上取得一个又一个耀眼的成就时，自己的心态就变得相当消沉，像泰坦尼克号一样，迅速沉到冰冷的海底。

时代巨变、职场巨变，人生机会也瞬息万变。以不变应万变——不变的是自己追求成功的意识和意志，应变的是自己发现机会、适应机会、捕捉机会以及咬定机会的能力。这是 21 世纪人才奋斗成功最重要的要素，也是企业、组织、民族、国家乃至整个世界繁荣发展的基本教义。

说什么蓝海战略、长尾理论，在这些说法出笼之前，就要学会随机应变、激流勇转，给自己开辟出一片滔滔蓝海……这一切的起点，都来自善于摆脱"失败"暗示，在残酷的现实挑战面前能够自我调节、努力适应、多看光明、求胜好斗的美丽心态。

PMA 定律——没有人能打败你

在西方心理学中，有一个 PMA 黄金定律，很好地阐述了个人成功与积极心理的内在联系。PMA 是积极心态的缩写——Positive Mental Attitude。我们每个人都佩戴着隐形护身符，护身符的一面刻着 PMA(积极的心态)，一面刻着 NMA(消极的心态)。

在这个定律中，心态决定了人与人之间成功与失败的巨大反差。不同的选择，代表着不同的人生走向。PMA 可以创造成功、快乐，使人到达辉煌的人生顶峰；积极的心态是长在枝头美丽的花朵，需要不断努力向上才能采摘。而 NMA 则使人终身陷在悲观沮丧的谷底，即使爬到巅峰，也会被它拖下来。消极的心态是地上诱人的陷阱，

它让人日益沉沦，并且在不知不觉中让人放弃斗志。

　　这天，罗伯特·斯契勒来到芝加哥，向一群中西部农民发表演说。虽然他满腔热忱，但很快便被他们凝重的面色泼了一盆冷水。他们强作热情地接待罗伯特，其中有位农民告诉他说："我们正过着艰苦的日子，我们需要帮助，我们最需要的是希望，给我们希望吧。"在罗伯特开始演讲前，主持人向这些听众做介绍，他把罗伯特形容为一个成功的人，但是听众不知道，罗伯特也曾走过他们现在所走的路。

　　罗伯特的童年是在中西部的一个小农场里度过的。他的父亲本来是一个雇农，后来积够了钱才买了一个65公顷的农场。经济大萧条时，罗伯特只有3岁。那年冬天，他们有时连煤也买不起。那时候罗伯特也要工作，他要爬进猪栏，捡拾猪吃剩后的玉米棒子，用来做燃料。那时的日子真苦啊！第二年春天，又遇到严重春旱。罗伯特的父亲准备把辛辛苦苦留起来的几斗宝贵玉米用作种子。

　　"种了可能枯死，何必还要冒险去种呢？"罗伯特问。

　　他父亲却说："不冒险的人永无前途。"于是，他父亲把留起来的最后一些玉米粒和燕麦，全都拿出来种了。可是，第四个星期过去了，还不见有雨来临，父亲的脸绷得紧紧的。他和其他农民聚在一起祈祷，请求上帝拯救他们的田地和作物。后来，雷声终于响起。下雨了！虽然罗伯特雀跃万分，但是他的父母知道雨下得不够。骄阳不久就再次出现，天又热起来了。父亲抓了一把泥土，只有上面四分之一是湿的，下面全是粉状的干泥。

　　那年夏天，罗伯特看见弗洛德河逐渐变得干涸，小水坑变成泥坑，平时来去扭动的鲶鱼都死了。父亲的收成只有半车玉米，这个收成和他所播的种子数量刚好相等。父亲在晚餐祈祷时说："慈爱的主，谢谢你，我今年没有损失，你把我的种子都还给我了。"当时并不是所有的农民都像他父亲那么有信心，一家又一家的农场挂起了"出售"的牌子。他父亲当时请求银行给予帮助，银行信任他，而且帮助了他。

罗伯特还记得童年时穿着补缀的大衣跟父亲去爱阿华银行，他记得那银行的日历上有这样一句格言："伟人就是具有无比决心的普通人。"他觉得父亲就是这种坚强态度的榜样。

若干年后，6月里的一个寂静下午，罗伯特家受到龙卷风的侵袭。他们起初听到一阵可怕的怒吼声；慢慢地，风暴逐渐逼近了。忽然天上有一堆黑云凸了出来，像个灰色长漏斗般伸向地面。它在半空中悬吊了一阵子，像一条蛇似的蓄势待攻。父亲对母亲喊道："是龙卷风，珍妮！我们得赶快离开这里！"转瞬间，他们便已慌慌张张地开车上路。南行3公里之后，他们把车子停好，观看那凶暴的旋风在他们后面肆虐……到他们返回家后，发现一切都没有了，半小时前那里还有九幢刚刷过的房屋，现在一幢也不存在，只留下地基。父亲坐在那里，双手惊愕地紧握驾驶盘。这时，罗伯特注意到父亲满头白发，身体由于艰辛劳作而显得瘦弱不堪。突然间，父亲的双手猛拍在驾驶舟上，他哭了："一切都完了！珍妮！26年的心血在几分钟内全完了！"但是，父亲不肯服输。两星期后，他们在附近小镇上找到一幢正在拆卸的房子，他们花了50美元买下其中一截，然后一块块地把它拆下来。就是用这些零碎东西，他们在旧地基上建了一幢很小的新房子。以后几年，又建筑了一幢幢房屋。结果，他父亲在有生之年，看到了他的农场经营得非常成功。

讲完了自己的故事，罗伯特告诉听众："苦难不会持久，强者却可长存！"听众群中顿时响起了热烈的掌声。那些已经失去希望以及曾与沮丧情绪搏斗的人，重新获得了希望。他们有了新的憧憬，再度开始梦想未来。

只要人活在这个世界上，各种问题、矛盾和困难就不可能避免，拥有积极心态的人能以乐观进取的态度去积极应对，而被消极心态支配的人则悲观颓废，他们在逃避问题和困难的同时也逃避了人生的责任。

无论你遇到什么样的难题和困境，永远也不要消极地认定什么事情是不可能的，首先你要认为你能，再去尝试，不断尝试，最后你就会发现你确实能。事实上，很多奇迹的产生，都与人们积极的心态和坚强的意志脱不了关系。

所以，当你面对艰苦日子的时候，千万不要泄气，不要绝望，要坚持下去。如果困难到极点的时候，你要提醒自己：苦难不会持久，强者却可长存！

失败不可怕，可怕的是放弃

不要因为害怕失败而放弃做事，每一个失败都是成功资本的积累，能够正确面对失败并且经常战胜失败的人，就是成功的人。的确，失败是痛苦的，令人焦虑的，有人甚至因为失败而落寞轻生。因此，怎样对待失败就成了考验每一个人意志和品格的"试金石"。

不管是暂时的挫折还是逆境，只要这个人把挫折当作一种教训，都不会在意识中认为自己是失败者，事实上，在每一种逆境及每一个挫折中都存在着一个持久性的大教训。而且，这种教训是无法以挫折以外的其他方式获得的。

我们在向成功者头上的光环顶礼膜拜的同时，不禁会悄悄地哀叹：成功者如同凤毛麟角。何年何时，成功之神才能对自己格外关照几分呢？就这样，在自艾自叹的消极心态中，我们早已错过了一次又一次成功的机会。

挫折通常以一种"哑语"向我们说话，而这种语言却是我们不了解的。如果这种说法不对的话，我们也就不会把同样的错误犯了一遍又一遍，而且不知从这些错误中吸取教训。

也许，拿破仑·希尔能向我们解释挫折的意义，会带你回顾他本人将近30年的亲身经历。在这段时间里，他曾经多次遭遇转折点——也就是一般人所称的"失败"。在多次的转折中，他都以为自己遭遇了令人沮丧的失败。但后来，拿破仑·希尔明白，看起来像是失败的，其实却是一只看不见的慈祥之手，阻挡了他的错误路线，并以伟大的智慧强迫他改变方向，向着对他有利的方向前进。在他的《成功学全书》中，拿破仑·希尔跟大家分享了其中一个转折点。

拿破仑·希尔自一所商业学校毕业之后，找到了一个速记员兼簿记员的工作，并且一连干了5年之久，由于一直奉行"任劳任怨，不计酬劳"的原则，因此，拿破仑·希尔晋升得很快，所获得的薪水及所负的责任，都超过了他当时年龄的标准。他的银行存款达到几千元，很多人竞相聘请他。

为了对抗这些竞争者的争相聘请，拿破仑·希尔的老板把他提升为该矿业公司的总经理。他很快就达到了"世界的高峰"。

但这却是他命运中的悲哀部分——拿破仑·希尔本人也知道。接着，命运之神伸出"和善"的双手，轻轻推了他一下。拿破仑·希尔的老板宣告破产，他则失去了工作。这是拿破仑·希尔遭遇的第一次挫折。

"失败"是大自然的计划，它经由这些"失败"来考验人类，使他们能够获得充分的准备，以便进行他们的工作。"失败"是大自然对人类的严格考验，它借此烧掉人们心中的残渣，使人类这块"金属"因此而变得纯净，使它可以经得起严格考验。

第四章

从容面对职场，成就一生事业

不管你的学历如何，不管你进入公司时的地位是高是低，最终决定成败的是你的心态。只要始终保持正确积极的心态，就可以弥补和改善你学历或能力上的不足，就能超越别人，为自己赢得更多升职的机会。

能力是"硬件"，心态是"软件"

英国最大的有线运营商 NTL 公司总裁罗伯特·威尔茨曾说："在一家公司里，员工与员工之间在竞争智慧与能力的同时，也在竞争心态。一个人的心态直接决定了他的行为，决定了他是尽心尽力还是敷衍了事，是安于现状还是积极进取。"他这一席话，道出了心态的重要性。

很多时候，决定一个人工作能有多大发展的不是他有多聪明、他的技能如何，而是他的心态。

因为心态决定了他的聪明和技能能否创造出利润，能否成为他的个人优势。

大量的科学研究和调查表明，除了极少数的天才之外，绝大多数人的智力水平都相差无几。如果我们把每个人先天的身体和智力状况称为"硬件"的话，那么大多数人的"硬件"是都相同或相似的，区别主要在于个人的"软件"。态度就像是"软件"中的"操作系统"，它是软件发挥作用的基础。

同班毕业的同学，有的能获得良好的工作机会，稳步发展，有人却长时间找不到适合自己的工作，即使找到一份工作，也干不了几天就打退堂鼓。之所以存在这样的差别，除了能力的差异外，更关键的是心态的不同。不仅是对面试官和公司的心态不同，更重要的是对工作本身的心态。

心态，决定着一个人的"工作命运"——积极的人成功，堕落的人平庸。

我们在企业中经常会遇到这样三种人，准确地说，是具有不同心态的三种人。第一种人是积极进取的人，这种人积极乐观、勤奋敬业，具有良好的工作态度。

凯迪工作认真负责、踏实敬业，他不但努力完成自己的本职工作，全力以赴做到尽善尽美，还积极地完成一些自己职责以外的工作。当公司业务繁忙的时候，他会主动向上司申请义务加班，并把自己承担的每一项任务都尽可能做得完美。在其他同事需要帮助的时候，他会热心地为其提供力所能及的帮助。平时，他对身边的同事非常友好，而同事们也乐于与他交往，他与同事和领导的关系都很融洽。他每天总是精神抖擞、热情开朗，周围的人也因此受到他的感染而变得积极起来。

第二种人是安守本分、不求上进的人，具有典型的"员工心态"，他们的工作就是完成任务。

琼斯就是这种类型的人。琼斯喜欢按部就班，按照领导的要求完成自己职责之内的事，每天准时上下班。她严格按照公司的要求办事，不违章，但也从不想把自己变得优秀。琼斯的嘴边经常挂着这样的话："那么努力干吗？人家不都拿一样的工资吗？你多干也白干。"她还经常进行自我安慰并劝别人："加薪升职是少数人的事，大多数人不都在原地踏步吗？你我再努力也没有希望，还不如省点儿力气。"

第三种人是牢骚满腹、眼高手低、消极颓废的人，他们永远找不到适合自己的舞台，始终觉得自己在公司得不到重用。

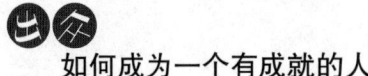

史蒂芬刚进入公司时只是一名普通员工，但他觉得这与自己的能力不符，因此他想很快进入管理层。然而，他并没有为此而发奋工作，用成绩向领导证明自己的工作能力。相反，他每天最主要的表现就是抱怨，抱怨自己怀才不遇，抱怨领导有眼不识英雄，抱怨工作环境太差。因为他将主要的精力都放在了抱怨和不满上，因此工作上毫无起色。消极的态度使他的才能和潜能得不到正常发挥，领导不敢对他委以重任，他失去了很多晋升的机会。他的这种消极态度还经常传染给周围的同事，领导不得不对他"另眼相看"。

一年后，以上三个人的情况发生了明显的改变。凯迪依然是那么勤奋积极，他的身影活跃在公司的各种场合，而他的级别显然更高了。原来，他已在新年到来的时候被提拔为部门经理，薪水也翻了一番。而琼斯还在原来的岗位上工作，似乎并没有什么进步，更别谈创新，上司对她的评价还是不好不坏。不过，她现在工作起来似乎有些困难，因为她已经无法适应公司的发展速度。一年一度的大学生招聘热潮又开始了，上司开始关注简历，他想应该为公司补充新鲜血液了。琼斯这才发现自己的处境似乎有些不妙。而史蒂芬已经不在公司了，去年公司进行绩效考核——提升优秀，裁减低劣，他的成绩是倒数第三，于是毫无悬念地成了裁员的对象。据说他现在到了另一家公司，但情况依然很糟糕。

不管你的学历如何，不管你进入公司时的地位是高是低，最终决定成败的是你的心态。

有了正确积极的心态，就可以弥补和改善你学历或能力上的不足，你就能超越别人，为自己赢得更多晋升的机会。而心态积极与否，在于你自己的选择，由你自己决定。一个吊儿郎当、消极悲观的人和一个勤奋积极、敬业进取的人的职业发展必然会截然不同。

心态是一种习惯，是一种意识，是经过长期的培养和坚持才能树立起来的。一个人一旦具有某种心态，就会随时在行动中表现出来。只有真正具有积极心态的人，才会取得最终的胜利。

薪水只是暂时的，成长才是永远的

工作是为了生活，但工作又绝不仅仅只是为了生活，在满足生活所需之后，工作还应有更高的目标。一个人工作的根本目的不应该只是为了薪水，应该追求更高的人性价值——自我实现。当一个人只把工作当作赚取生活费的途径时，他就限制了自己未来的发展，拒绝了更加美好的生活。

你的工作态度会决定你的生活质量，不仅现在，更重要的是未来。真正聪明的人应该本着对未来生活负责的心态来进行自己的工作，而不是把工作当作与薪水进行等价交换的筹码。

现代社会的市场经济使很多人变得更加现实、更加势利，甚至唯"钱"是图。他们明白竞争的残酷，明白赚钱的不容易，于是他们变得更加自私、狭隘。在很多人看来，工作就是赚钱，就是以自己的劳动去换取生活费。这样，自己与公司的关系就像是商家与顾客的关系，公司用钱购买自己的劳动，完全是等值交换。既然如此，他们也就不愿付出更多，完成任务就成了工作的基本准则——能少于 10 分钟绝不多于 4 分钟，能少走 1 米绝不多行半米……他们只想拿到差不多的薪水，根本不想是否有资格拿到更高的薪水，或者能否有更轻松、更好的工作。如果一个人认为自己从工作中获得的只是薪水的话，那他的未来将是一片渺茫，他甚至无法获得更高的薪水。

看重薪水不是错，但一定不要满足于当前的薪水，如果你想获

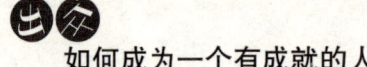

得更高的薪水，就必须坐到更高的位置。一般来说，薪水的高低与职位的高低是相对应的。而你要想坐到更高的位置，就必须付出更大的努力，具有更长远的目光、更积极的心态。

史密斯是某公司的一名老员工，他进入该公司已达10年之久，但岗位还是原来的岗位、薪水还是原来的薪水，一样都没有提高。想辞职吧，又担心找不到更好的工作，因为他对当前的工作还是比较满意的，但以这样的薪水继续待下去实在有些不甘心。终于有一天，他忍不住内心的不平，去找老板诉苦。但老板却坦言道："你虽然已在公司工作了10年，但从你的表现来看，跟一名新手并没有什么差别。因此，你拿这样的薪水应该是很合理的。"

一个人在同一家公司以同样的薪水工作了10年，这就说明他对自己所获得的薪水是比较满意的。而他之所以不愿放弃现在的工作跳槽到其他公司的高薪岗位，是因为他的能力并不能获得更高的评价与认可。这就是只为薪水而工作所导致的结果，不但荒废了自己的青春，也断送了自己的前程。

不要担心自己的努力会白费，其实老板的眼睛是雪亮的，大多数老板都是非常聪明的。他们知道自己需要的是那些勤奋敬业、踏实负责的员工，因此他们会想办法留住这些人。即使你的努力暂时没有被上司发现，这也是在为自己的未来打基础，因为在工作中所积累的经验和能力的提升才是最具价值的资本。

当俾斯麦还在德国驻俄国使馆工作的时候，他的薪水非常低，工作条件也比较艰苦，但他依然非常积极地工作。他在那里学会了很多外交技巧，提高了自己的判断和决策能力，具备了优秀的外交才能，这就为他以后有效地进行国内改革奠定了坚实的基础。俾斯麦没有因为薪水低而有所懈怠，而将其当作锻炼自己的一种机会。最后，他不仅出色地完成了一名外交官的使命，还为自己国家的强大做出了杰出的贡献。

如果一个人只把注意力集中在到底能拿到多少薪水上的话，他怎么可能看到薪水背后更多的机会呢？这种人将自己装进了工资卡里，却不知除了薪水之外，还有很多值得追求的东西，自己应该有更好的发展，自己的人生应该更加精彩。

除了薪水，工作还能带给你更多机会。第一，你有机会锻炼自己的能力，发挥自身的优势，发掘自身的潜能，提高自身的价值。第二，你有机会从上司和同事身上学到他们的成功经验，总结他们的失败教训，学习他们的优秀品质和技能。第三，工作为你提供了一个展现自己的舞台，使别人有机会发现你的才能，这在无形中为你提供了更多的发展机会。

工作是一个学以致用的过程，是比学校更重要的学习机会。以前，年轻人要想学习一门手艺通常要拜师学艺，往往工作多年都得不到一分钱的报酬，但他们从不抱怨，并且还为自己能有这样的学习和锻炼机会而感到庆幸。可现在的很多人，在学习锻炼的同时拿着薪水却还满腹牢骚、抱怨不已。

能力比金钱重要得多，它不会遗失也不会被偷，它可以帮你创造出无限的价值。但没有人一开始就具有非凡的能力，没有人一开始就能出色地完成任务，也没有人一开始就能拿到较高的薪水。你必须在工作的过程中去学习并提高自己的能力，当你的工作能力得到明显的提高之后，它就能帮你拿到更多的薪水。

只要你有正确积极的心态，只要你愿意为自己的工作而努力，就会有更高的薪水和更好的职位在等着你。任何老板都无法阻止你为自己的将来所做的努力，也无法剥夺你因此而获得的回报。对待

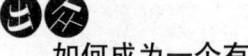

薪水的心态往往是一个人工作成功或失败的决定性因素。

薪水固然是重要的，但却不是最重要的，它只是我们工作的回报之一，而不是全部。

专注力——实现目标的"推动器"

"这山望着那山高"，是很多人的通病，如果我们能够多一点专注力，很多事情就不至于半途而废。无论工作还是做其他事情，专注力都是成功的必要前提。一个人的精力是有限的，你不可能同时去追求多个目标，也不可能同时完成多件事情。要想做到专注，你首先要弄清楚什么才是最适合自己的、什么是自己有能力实现的。明白了这些问题之后，你就能确定自己的首要任务和发展方向，然后全身心地投入其中。

不仅目标需要专注，追求的过程也需要专注。专注是一种方法，是一种心态，更是一种能提高做事效率和成功率的心态。

《成功》杂志在庆祝创刊 100 周年时，编辑们准备出版一本特刊，内容以节录早期杂志中的优秀文章为主，其中有一篇关于"发明大王"爱迪生的访谈文章令人印象深刻。作者西奥多·瑞瑟在爱迪生的实验室外安营扎寨了 3 个星期，才访问到这位伟大的发明家。

瑞瑟开门见山，第一个问题就是："您认为成功的第一要素是什么？"

爱迪生回答道："我认为获得成功最重要的因素就是能够将你身体与心智的能量锲而不舍地运用在同一问题上而不产生厌倦的能力……我们每个人每天都在做事，我们非常忙碌，不是吗？假如你早上 7 点起床，晚上 11 点睡觉，做事用了 16 个小时，但获得了多大的收获呢？我与大多数人的区别就是，他们每天做很多很多的事，而我始终在做一件事。假如一个人能将自己的全部热情和精力运用在一个方向、一个目标上，他就一定能获得成功。"

我们不是精通各行各业的天才，我们所拥有的技能和知识是有限的。而在这个专业化程度越来越高的现代社会，工作对个人的知识和经验不断提出了更高的要求。一个人若总是飘摇不定、跳来跳去，将自己长期积累下来的知识和经验都放弃了，就无法形成自己的优势。

没有自己独特的优势，就等于没有了核心竞争力，也就很难在竞争中取胜，很快就会被高速发展的社会所淘汰。

一个人能不能专注地追求和工作，其实是心态的问题。没有正确的工作心态，就会把工作当作游戏而不是事业，就难以取得满意的成就。

一个人离开原来的工作转而从事新的工作，损失是相当大的，有时甚至会断送自己的一生。首先，你要适应新的工作，比如企业文化、管理模式、工作环境、工作的性质和方式以及新的领导、同事等。这是一个艰难而缓慢的过程，费时、费心、更费力。你甚至会面临一些难以预测的情况，使你遭受打击而选择退缩。即使你再换新的工作，还是需要去适应。其次，你原先所积累的知识、技能、经验以及你的资历、职位、人际关系都可能因此而失去或降低价值，一切都得重新开始。最后，随着年龄的增长，你的某些才能会退化，拼搏的勇气会下降，思考应变能力也会变弱，你要想打开新的局面，难度会比以前高出很多。

其实，一个人在工作之初有不同的目标、做出不同的选择是正常的，这也有利于我们找到适合自己的道路。就好比是指南针，它

的指针在最终定位之前总会摇摆一会儿，直到被磁场所吸引。同样，一个人在刚开始的时候对自己、对工作、对社会的认知可能不太全面，需要经过一段时间的摸索和尝试，但最终必须确定一个准确的落脚点，并尽可能扎下根来，否则难以顺利发展。

一个人与其断断续续地做几件事，不如踏踏实实地做好一件事。成功缘于专注，专注才能成就伟大。伟人之所以能成就伟业，成功者之所以获得成功，都是因为他们能在一定的时期内，将自己的智慧和力量集中在某一个具体的目标上。

试想，如果有这样两个人，一个人只有一种技能，但他全身心地投入一件事中，并且坚持到底；另一个人非常聪明，能力也很强，他想做的事很多，所以他把自己的时间和精力分散到许多不同的事情上。我们不难预测，前者更容易在自己的事业上获得成功，而后者很可能一事无成。专注是制胜的法宝，是成功的策略，没有任何东西可以代替对工作、对事业专注的心态，资历不行、才能不行、知识也不行。任何时候，一个人如果不能专注地追求目标，就无法获得理想的结果。

"年轻人之所以容易遭遇失败，就是因为他们很难将自己的精力集中起来，精力过于分散不仅使他们的工作效率以及进步速度缓慢，也使他们经常犯一些低级错误。"这是著名的成功学大师戴尔·卡耐基分析了众多创业失败的案例后所得出的结论，而他事后对一些创业失败者的调查，也证实了这一结论。

一次只完成一件事情的做法是可取的，但一定要把这件事情做好才有意义。成功者和失败者的差别不在于所做工作的数量，而在于有效工作的数量。要有质量地工作，而不是做得越多越好。提高工作质量的有效办法就是转变心态，让自己变得专注起来。

主动承担责任，能力自然水涨船高

责任是一个人发挥才能的基础。从工作层面来说，责任胜于能力，而责任本身就是一种能力。

现代社会并不缺乏有能力的人，缺少的是既有能力又负责任的人。工作就意味着责任，每一个职位所规定的工作任务就是一份责任。你要从事这份工作，就必须承担起这份工作的责任。

心态是一个人最大的竞争力，而工作心态的核心就是责任感。当你对一份工作有了责任感之后，你就会更加敬业、更加认真，你就会主动积极地工作，无需别人的督促和检查。

这样，你就会想尽一切办法提高自己的工作能力，学习相关的知识和技能，你的工作效率自然就会得到提高。相应地，加薪升职的机会也会找上门来。

你的工作态度决定你的生活质量，对工作负责其实就是对自己负责。你认真负责地工作，就是给自己未来最好的投资。

任晓萍大学毕业之后被分配到外交部工作，后又被派遣到中国驻英国大使馆当接线员。在很多人的眼里，接线员是一个很没出息的工作，并且枯燥乏味。然而，任晓萍并不这么认为。相反，她觉得接线员是一个非常重要的岗位，关系到大使馆里每一个人的工作和生活。为了更好地服务于大家，她把使馆里所有工作人员的名字、电话、工作范围以及他们家属的名字都背得滚瓜烂熟。

当有人打进电话却不知道该找谁时，她就耐心询问，尽可能帮对方找到要找的人。慢慢地，使馆里的人有事外出时，就干脆直接告诉任晓萍，如果有人来电话找自己，就请她如何如何处理，甚至把一些重要的事情也交给她代办。任晓萍认真负责的态度和准确高效的工作能力赢得了大使馆里所有人的认可，她成了大家眼中的红人。

有一天，大使亲自跑到电话间查看，并对任晓萍的工作给予了肯定和表扬。事后没过多久，任晓萍就因工作出色而被破格调去英国某著名报社做中文翻译。

该报的首席记者是个很有名气的老太太，得过战地勋章，还被授过勋爵，本事大，脾气也大，前任翻译就是被她赶走的。刚开始的时候，她也不接受任晓萍，认为任晓萍没有能力胜任这份工作。后经协调，她才勉强同意试用一个月。一个月之后，任晓萍不但没有被解雇，还被转为正式翻译。那位脾气暴躁的老太太竟然还喜欢上了这位踏实能干、认真负责的中国姑娘。

不久之后，任晓萍又因表现出色被调到美国驻华联络处。她的工作态度同样得到了领导和同事的认可，外交部还对她进行了嘉奖。

由此可见，不论你从事的是什么工作，处于何种岗位，也不论你的学历和能力如何，只要你认真负责，把工作做得尽善尽美，你就能获得晋升的机会。

工作就是履行职责并获得相应报酬的过程。

能力必须要靠责任来承载。一个人能力再强，如果他对自己的工作不负责任，他就不可能拥有很高的工作效率和出色的工作业绩，也不可能获得良好的职业发展。

很多人认为，只要每天准时上班，按时下班，不迟到，不早退，按时完成上级交代的任务就算是敬业，就可以心安理得地去领工资，就可以与其他同事竞争加薪升职的机会。

其实不然，真正的敬业对一个人的工作态度有着非常高的要求。不只是按时上下班，还要忠于职守，尽职尽责；不但要按时完成任务，更要把工作做得尽善尽美。一个真正敬业的人，不仅要及时完成自己的本职工作，而且要把工作当作自己的事业来做，时时刻刻为公司的发展着想，要有主人翁精神。

海尔公司的一名员工曾说过这样一段话："我会随时把我听到的和看到的关于海尔的意见记下来，哪怕我是在朋友的聚会中，或是走在街上听陌生人讲的话。因为作为一名员工，我有责任让公司生产的产品更好，我有责任让我们的企业更成熟、更完善。"这是一个负责任的员工，如果每个人都有这样的责任意识，那就不会有发展不好的企业，也不会有业绩不佳的员工。

责任是一种使命，只要我们还在工作岗位一天，就要负起一天的责任，尽自己最大的努力将工作完成得更好。其实，这不仅是工作的原则，也应该是做人的原则。如果你想投机取巧、应付了事，不能把责任意识坚持到底，那么最终损害的将是你自己的前程与利益。

乔治是公司的一名老木匠，已经工作十几年了，他因工作敬业深得老板的信任。但由于年老力衰，工作起来非常吃力，于是他向老板申请退休。老板十分舍不得他，再三挽留，但他去意已决，老板只好答应了他的请求。但老板想请他在退休之前再帮自己盖一座房子，乔治自然无法推辞。

但乔治此时归心似箭，心思完全不在工作上。他不再像往常那样严格要求自己，用料也不讲究，做工也不像以前那么精细。老板对他的行为看在眼里，但却什么也没有说。原来要3个月才能建好的房子，这次只用了 2 个月。房子盖好之后，老板却将钥匙交给乔治，并告诉他："这是专门为你而建的房子，作为你的退休礼物赠送给你。"

乔治愣住了，自己一生盖了那么多豪华精美的房子，到头来自己的房子却是粗制滥造的。

很显然，一个人如果希望自己始终有杰出的表现，就必须在心中种下责任的种子，让责任感成为监督和激励自己的重要力量，使自己在工作中获得更多的回报。

有一位伟人曾说：人生所有的履历都必须排在敢于负责的精神之后。责任感是可以培养的，也必须培养。培养责任感可以从树立认真勤奋、积极进取的思想开始，每天进步一点点。这样，当它成为你的一种习惯、一种心态、一种潜意识的时候，负责任就会变成一件很自然的事情，无须你刻意去做。

工作不是"苦差"，而是一种修行

心态决定着一个人的执行力，决定着一个人的工作前景。心态越积极的人，执行能力就越强，执行能力越强的人，职业前景也就越好。如果一个人仅仅把工作当作任务，把完成工作当作应付差事，没有丝毫的热情和责任感，那么他的职业前景就十分令人担忧。

如果你只会抱怨，抱怨工作环境差、工作条件简陋，抱怨工作苦和累，那就无法找到工作的趣味，你对工作就只有厌恶而无热情。这样，工作对你来说不是一种快乐和享受，而是痛苦和折磨，你在工作中就会变得非常被动，只能在别人的催促和监督下去工作。

在职场中，有些人总把工作当成一种不得不完成的差事，从而以应付差事的心态去工作，这种人绝不可能创造出什么巨大的成就。他们不仅不能获得成就，甚至连自己的饭碗都很难端稳，因为激烈的竞争会将他们迅速淘汰。如果你的工作态度不积极，你的能力就得不到提高和锻炼，你的意志和锐气将逐渐消退，你将会失去竞争力，失去获得更好的工作机会。而如果你不能给公司带来任何效益，也将失去现在的工作。

有一次，卡耐基到一家商店去买鞋，和该商店一名年轻的售货员聊了起来。那名年轻人告诉他，自己已经在这家商店服务7年了，但由于老板"非常吝啬"且"目光短浅"，所以自己的工作业绩一直得不到认可，薪水还是3年前的水平，他郁闷至极。同时，他对自己似乎很有信心："像我这样一个学历不低、风华正茂的小伙子，何愁找不到一个轻松又有前途的好工作！"

正说话间，外面进来一位顾客，想看看这里的袜子。这位年轻的售货员对顾客的询问不理不睬，仍在继续发牢骚。虽然那位顾客已明显露出不高兴的样子，年轻售货员还是没有回答。只等他把这一串牢骚发完了，才转身对那位顾客说："你找错地方了，这儿不是袜子专柜。"

那位顾客又问："袜子专柜在什么地方？"年轻人有些不耐烦地说："你去问总服务台好了，他们会告诉你的。"

两个月之后，卡耐基再次去那家商店时，那位年轻人已经不在那里上班了。据他的同事说："公司在上个月进行人员调整时，将他解雇了。当时，他非常后悔。"

任何工作都是有价值的，都值得我们认真去做，这不仅是为了

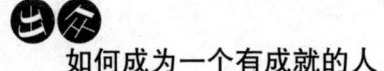

加薪升职，更重要的是能帮助我们学习知识、积累经验、锻炼能力。当你真正投入一件事情之中的时候，当你把工作当作自己迈向更高目标的机会时，你必然会发现其中的乐趣，你必然会获得工作的动力。

一个想从工作中获取更大收益的人，必须明白这样一个道理：工作是为自己做的，不论是从赚取薪水或晋升职位的角度来考虑，还是从锻炼能力、学习知识、积累人脉的角度来考虑，所有的收获都是自己的。可能你会说，你为老板创造了劳动成果，但你应该知道，是老板为你提供了获得这些收益的机会。如果你总认为自己付出的太多而得到的太少，总想偷懒混日子，最终受害的还是你自己。有这么一个故事非常有教育意义。

有一天，农夫将一批货物分别装在两辆马车上，让两匹马各拉一辆车。

在去往集市的路上，其中的一匹马渐渐地落在了后面，并且走走停停。没有办法，农夫只好将后面马车上的货物卸下来，装到前面的马车上。这时，后面的那匹马心中窃喜，并对前面的那匹马说："你看，我假装走不动主人就不让我拉了，你越努力让你拉得就越多，累死你也没人管。"说完，便轻松地向前走着。

到达集市后，人们看到农夫赶着两匹马，一匹马拉着空车，另一匹马拉着很重的货物，便向他建议："既然一匹马就能拉这么多东西，你养两匹马干吗？还不如好好地养一匹，将另一匹宰掉，还能得张皮。"农夫想想也是，反正这匹马也不能拉车，不如宰了算了。结果他就真的这么做了。

这就是偷懒的结果。现实社会中，很多人就像这匹马一样，把工作当作"苦差事"，能避就避，能逃就逃。直到有一天自己被"炒鱿鱼"，才知道正是自己的所作所为将自己推上了毁灭之路。

不管你所从事的工作是不是自己喜欢的，既然已经选择了，就应该努力做到最好。并不是每个人都能找到与自己兴趣相一致的工作，如果暂时没有找到你感兴趣的工作，你就应该从当前的工作中寻找乐趣，让乏味的工作变得有趣。

戴尔·卡耐基说过："正确认识你的工作，尝试更轻松有效的工作方法，只要你认真去做了，就会发现它并不像你想象的那么枯燥乏味。"

工作的结果如何，取决于你对待它的心态。如果你认为它是苦差，它便是苦差，那你将很难取得优异的业绩；如果你认为它是能创造价值的、有意义的活动，它便是有意义的活动，你就可以通过它获得成功。

微软前董事长比尔·盖茨曾说："如果只把工作当作一件差事，或者只将目光停留在工作本身，那么即使从事自己最喜欢的工作，你依然无法持久地保持对工作的激情。但如果把工作当作事业来看待，情况就会完全不同。"

做好每件小事，才能具备做大事的本领

"不积跬步，无以至千里；不积小流，无以成江海。"任何大事都是由小事发展而来的，任何伟大都是由小事积累而来的。世间没有小事，关键在于人们的认识，在于人们看待事情的态度。把简单的事做好就是不简单，把平凡的事做好就是不平凡。

每个人都是自己命运的主宰者，我们每天所做的每一件事都有可能会改变自己的命运。无论你现在所做的事有多小，你都要尽全

力把它做好，要知道，轻视小事就无法成就大事。从小事开始，一步一个脚印，逐步培养自己的才能，训练自己处理事情的方式，积累经验，最终才能成就大事。如果眼高手低，小事不愿做，大事做不了，最终将一事无成。

一天与一生相比似乎太短，太微不足道，但人的一生却是由无数个一天组成的。同样，很多看起来微不足道的小事，往往是惊天动地的大事的基础。任何一个人做任何一项工作，只要用心，只要能够长期坚持，就能创造出奇迹。古人说，"天将降大任于斯人也，必先苦其心志，劳其筋骨，饿其体肤"，要想成就大事，必须先从小事开始磨炼自己。

每一件大事都是由许多小事组成的，而每一件小事都是由若干细节组成的，做好每一件小事，把握每一个细节，你就具备了做大事的本领。

汤姆·布兰德的成长经历，可以说是对"小事成就大事"最完美的诠释。20岁那年，汤姆进入福特汽车公司的一家制造厂。当时，福特公司的一部汽车从生产各种零部件到装配出厂一般要经过13个部门的合作，每一个部门的工作内容和工作性质都是不同的。汤姆心想，既然自己加入了汽车制造这一行，就要做出非凡的成绩，而要真正做出成绩，就必须对汽车的整个生产制造过程有全面深入的了解。

于是，他主动向上级申请，自己要从基层的杂工做起。杂工不是正式的工人，不属于哪个特定的部门，也没有固定的工作场所，哪里有活就到哪里去。正是因为这种灵活的工作方式，使汤姆有机会与工厂的各个部门接触，从而对各部门的工作性质和工作内容慢慢有了初步了解。

两年的杂工经历让汤姆对汽车的制造过程有了较为全面的认识，随后他申请调入汽车椅垫部工作。由于他之前工作非常勤奋，申请很快就被批准了。他工作非常踏实认真，不久就掌握了多种汽车椅垫的制造工艺。后来，他陆续申请去了车床部、车身部、电焊部、油漆部等其他12个部门。在不到5年的时间里，他几乎把每个部门的工作都做了一遍。最后，他决定进入最后一站——申请去装配线上工作，这也是整个汽车制造的最后环节。

父亲对汤姆的行为不太理解，他问汤姆："你都工作五六年了，还在做这些焊接、刷漆、造零件的小事情，何时才能出头呀？"汤姆笑着回答道："爸爸，我做的可都不是小事呀！汽车不就是这样制造出来的吗？等我把这些小事都学会了，我就可以制造出一辆完整的汽车了。我学的不是造零件而是造汽车呀！"当汤姆认为自己对整个汽车的生产过程都比较了解之后，他才觉得到了应该提升自己职位的时候了，于是决定把装配线当作自己崭露头角的"根据地"。

因为之前对各种零部件都比较了解，懂得各种零部件的制造特点和优劣，因此他的装配操作进行得十分顺利，水平渐渐超过了装配车间的许多老员工，他所装配的汽车很少发生检验不合格的情况。不久之后，他就凭借自己的能力晋升为装配车间的领班。一年后，他被破格提升为整个制造厂的总领班，也是福特公司最年轻的总领班。

每一项工作的每一个环节都是重要的，都不应被忽视。如果你想做大事，那就先从底层做起，从小事做起，打牢基础，然后才能掌控全局，成就大事。聪明的人会把做小事当作自己成功的起点，因为一个人在经验不足、技能较差的时候，做小事更容易出成绩、提升自己。

细节决定成败，小事最能体现一个人的修养和品质，世界上所有伟大的成功者都非常注意细节，他们大多都是从小事开始做起的。

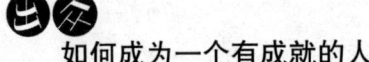

一个穷孩子走进法国的一家银行，请求找一份工作。银行的主管对他进行简单了解之后，拒绝了他。这个穷孩子从银行大门走出去的时候，捡起了地上的一枚别针。他的这一举动恰好被银行的经理看到了，经理将这个男孩叫了回去，并当即给他安排了一份工作。这个男孩就是后来法国著名的银行家——拉弗特。

小事养成习惯，习惯决定心态，如果你在做小事的时候养成了良好的工作心态，树立了正确的工作心态，你就具备了成功的素质。如果你不善于做小事，对小事不屑一顾，无法养成好的习惯和心态，你就很难成就大事。

几乎所有初入职场的人，不管是在哪个领域，加入什么样的企业，从事什么样的工作，都会经历一段或长或短的做小事的"蘑菇"期。无论是多么优秀的人，都可能先被派去做一些琐碎的小事，身处阴暗的角落，甚至经常遭受委屈、批评和责骂。这段时期，往往是考验一个人的关键时期，那些心高气傲、不能认真踏实地把小事做好的人，总会在这段时期被淘汰。

工作之中无小事，每一件事都值得我们认真去做。即便是最简单的事，我们也不应敷衍了事，应投入自己的全部热情，努力将其做到最好。

同时起步的人，做着同样简单的工作。但最后，有的人升职了，有的人却还在原地踏步，差别就在于秉持的工作态度。不要轻视小事，因为小事往往具有重要的意义。

借口虽然好找，却骗不了自己

缺少机会是那些消极懒惰之人常用的借口，他们不想着靠自己的勤奋积极去提升自己的价值，却总是幻想有人会帮他们获得成功；他们不认为机会是可以通过努力争取的，而认为机会是凭空而降的。这种人当然无法获得机会，即使机会送上门来，他们也抓不住。

一个善于为自己找借口的人，是很难有所作为的。

每个人都有美好的梦想，每个人都希望自己的梦想能尽快实现。机会在自己手中，需要自己创造和把握，那些说没有机会的人，大多是想不劳而获的人。那些心态浮躁的人总抱怨命运不公，抱怨自己运气不佳。殊不知，梦想只有通过脚踏实地的努力才有可能实现，机会需要靠实际行动去争取。

认真工作就是创造机会的最好办法，勤奋负责的人能从平凡的工作中看到机会。

16岁的格兰特在一家五金公司工作，每周的工资只有2美元。他上班的第一天，老板就对他说："你必须尽快适应这里的工作，熟悉所有的工作流程，这样你才能成为一个对我有用的人。"

"一周只有2美元的工资，要求还这么高，值得去做吗？我看咱们还是另谋出路吧！"与格兰特同时进入公司的年轻同事非常不屑地说道。

然而，格兰特并不这么认为，他觉得老板的要求没有错，如果自己不能适应这里的工作，不能成为一个有用的人，自己就不可能找到更好的工作。因此，面对这份简单的工作，格兰特干得十分用心。

经过两个月的熟悉，格兰特基本掌握了工作流程，他想尽快提高自己的工作业绩。善于观察的他留意到，老板每次总要认真检查核对那些进口的外国商品的账单。由于账单上所使用的都是法语和德语，格兰特无法看懂。于是，他开始利用业余时间学习法语和德语，并仔细研究那些账单的内容。渐渐地，他对账单的内容有了大概的了解。

3个月后的一天，他的老板在检查账单的时候露出了特别疲倦的神情，趴在桌案上打盹。

这时，格兰特主动提出帮助老板检查核对账单。老板有些怀疑："你能看懂法语和德语吗？这账单上全部是外语。"

格兰特自信地回答道："能看懂，我3个月前就开始学习有关方面的语言了，也看过账单上的内容。"

"那好，你试试吧！好好干，小伙子！"老板答应了他的请求。

格兰特检查得非常认真，由他核对的账单从来没有出过错。后来由于他干得太出色了，老板对他十分信任。于是，有关核对账单的工作就全部交给了他。

格兰特干得更加努力，为了避免失误，重要的账单他都要检查2遍。结果，他核对的账单的准确率比以前老板自己核对的都要高。

有一天快下班的时候，格兰特被老板叫进了办公室。老板请他坐下，对他说："格兰特，根据你的工作表现，公司决定让你来主管外贸。这是一个非常重要的职位，我们需要一个高度负责的人来主持这项工作。目前，我们公司有20多名与你年龄相仿的年轻人，但只有你能胜任这样的工作。我已经工作了40多年，你是我见过的能以积极的态度面对平凡的工作，并能从琐事中发现机会的3个年轻人之一。其他2个人现在都有了自己的公司，并且干得不错，希望你也能更快地成长。"

自此，格兰特的薪水由每周2美元变成了每周12美元。两年后，他每周的薪水达到了200美元，还经常被派往法国、德国。老板评价格兰特时说："这是一个很有干劲的小伙子，做事认真负责，他可能在3年内成为我们公司的股东、最年轻的股东。"

机会是自己争取的，而不是别人给的，如果你没有争取机会的能力，你也就无法把握机会。能以正确的心态去对待简单的工作，能从简单的工作中发现机会，这是至关重要的。

尽管有些机会不会让你一步登天，但只要你能以积极的态度坚持下去，你就一定会有所成就。人们总是认为，只有重大的机会才能产生价值，并且觉得机会都是运气的结果，而对自己身边的机会，对眼前的小机会，常常不屑一顾。然而，机会并不都是偶然的，所谓的运气也是靠不住的。很多大机会都是从小机会演变而来的，很多人正是因为抓住了小机会，才最终获得了大机会。

有句话说，时刻准备着，当机会来临时你就成功了。

机会永远钟情于有准备的人，只有自己准备好了，才有可能获得机会、获得成功。那些只会为自己找借口的人，永远都不可能得到机会，更不可能获得成功。

如果你想从工作中获得加薪升职的机会，树立良好的个人形象，最好的办法就是努力工作、积极主动地工作，不要担心自己做好了没人知道、多做了没有报酬。

克里是一家公司的办公室主任，马克是克里的秘书。克里非常懒惰，几乎把所有的事情都交给马克做。马克虽然觉得很累，但却获得了更多的做事机会，他很乐意。有一次，总经理让克里帮自己编一本去欧洲出差时用的资料簿，克里随即将任务交给了马克。按照克里的习惯，这种所谓的资料簿用几张纸打出来，随便装订一下就行。但马克却真的把它做成了一本小资料簿，装订好后还加了一个结实的封皮，便于随身携带。当克里将这本制作精美的资料簿递给总经理的时候，总经理非常惊讶。"这大概不是你做的吧？"总经理问他（因为总经理了解他的习惯）。

"不是……"克里有些担心地回答。

"那你把做这个的人给我叫过来。"总经理对克里说。

马克被叫到总经理办公室。"你为什么要把它做得这么仔细呢？"总经理问马克。

"我觉得这样使用起来方便一些。"马克回答道。

两天后，马克就坐到了克里对面的办公桌前，而克里在一周后离开了公司。

勤奋积极地工作，机会自然会来；懒惰被动、爱找借口的人，非但不能获得提升，反而保住饭碗都很难。

在通往失败的道路上，处处是错失了的机会。坐等机会从前门进来的人，往往忽略了从后窗进来的机会。

要事排第一，而不是急事先做

一个人在企业里的价值通常由其个人的工作效率来体现，而工作效率的高低取决于他的工作方法和工作态度，取决于他对工作本身的理解和认识。这里所说的认识主要是指对每一项工作的重要程度的判断。一个具有正确工作态度的人，知道什么事情应先做、什么事情可以暂缓、什么事情可以放弃。而其中最重要的一点就是，先做的事情并不应该是最紧急的事情，而应该是最重要的事情。也就是说，我们做事的原则应该是"要事第一"而非"急事第一"。

明白什么是真正重要的工作，并把它当作自己的第一要务，这是一种积极的工作心态。

德国著名诗人歌德曾说："重要的事情绝不可受芝麻绿豆之类的小事牵绊。"很多时候，一个人工作效率高的原因不是他有多么聪明，而是他有正确的工作心态和工作方法。

聪明是重要的，但如果方法使用不当，态度不积极，那就很难提高自己的工作效率和工作业绩。反之，如果既有聪明的头脑，又有正确的工作方法和良好的工作态度，那么你就会成为工作中的佼佼者，就能在激烈的竞争中为自己赢得一席之地。

工作一定要讲究方式方法。学习和掌握先进的工作方法，把它变成自己的一种习惯，甚至比工作本身更为重要，这不仅关系到你当前的工作效率，还会影响你的职业发展。因为方法会直接影响个人能力的发挥，正确的工作方法能体现和提高一个人的能力，错误的工作方法则会制约一个人的工作能力。讲究工作方法的重点就是做事要分清轻重缓急，切忌眉毛胡子一把抓。只有按照事情的轻重缓急进行处理，以不同的心态去面对，才能把工作做得有条理、有节奏、有效率。

现实中，很多人在工作时，似乎不知道按工作的轻重缓急进行排序。他们按照工作的本来顺序或者时间顺序来处理，被工作本身所左右，而不能主动改变工作的顺序。事实上，并不是你所完成的工作越多或者自己越忙，你所创造的价值就越高，也不是每项工作都需要你以同样的时间去处理，只有抓住重点，才能成就卓越。

按照工作的重要程度确定处理顺序，这不仅是高效能人士工作的原则，也是高效率组织机构的工作方针。

美国伯利恒钢铁公司的总裁查理斯·舒瓦普曾一度为自己和公司的低效率而忧虑不堪。无奈之下，他只好去向效率专家艾维·李求助，希望艾维·李能给他制定一套整改的方案。

听完他的简单叙述之后，艾维·李颇为自信地说道："没问题，我现在就可以教你一套至少能将工作效率提高50%的方法，只占用你10分钟就可以。"

艾维·李继续说："这套方法是这样的，把你每天需要做的重要事情记录下来，并按照重要程度将其编号。最重要的事情排在首位，次之的排在第二位，以此类推。然后，每天按照这个顺序进行处理，先做第一项，完成后再开始第二项，接着再完成下面的，直到你下班或者睡觉为止。如果第一天有未完成的重要事项，你可以根据其重要程度加入第二天的列表中。这样，即使你一整天只完成了一件事情也是值得的，因为它是最重要的。将这样的方法坚持下去，并且让公司所有的人都以这种方法去工作，你目前的情况就会大大改善。"

"这套方法你先试用 3 个月，如果效果明显的话你可以继续用下去，然后给我寄一张支票，上面填上你认为合适的数字就行。"

3 个月以后，舒瓦普感觉自己和公司的工作效率都有了明显的改善，而且没有产生任何不良的影响，于是他填了一张 25000 美元的支票寄给艾维·李。

后来，舒瓦普坚持使用这套方法，并将这套方法在公司大力推广，先传授给所有的管理人员，再由他们传授给每一位员工。5 年后，伯利恒钢铁公司已经由一个名不见经传的小公司发展为美国的三大钢铁生产企业之一。舒瓦普也有了自己的工作原则：确定重要的事，先做重要的事，要事第一！

虽然要事第一的原则如此重要，但想要真正做到却不容易，因为我们很难准确判定什么是最重要的事。很多时候，我们会误以为紧急的事情就是重要的事，其实并非如此。紧急意味着必须立刻处理，比如电话铃响了、门铃响了，即使你忙得焦头烂额也不得不先放下手头的工作，但敲门或打电话的人却不一定有非常重要的事。所谓的紧急，只是给我们造成了一种压力，迫使我们立即做出某种反应，但这种反应却不一定具有重要的价值或意义。

真正重要的事情应该是与我们实现自己的工作目标或者职业目标直接相关的，并且它的完成有助于改变我们的态度，提高我们的工作能力，提升我们的个人价值，能使我们获得更大的回报。我们在完成了这样的事情之后，同时解决了将会出现的很多问题，避免了一些可能出现的消极结果，如不良情绪的产生和物质的损失等。

著名的管理学和领导力专家史蒂芬·柯维在他的《高效能人士的七个习惯》中，将每天的工作按照轻重缓急分成了四类：第一类是重要且紧急的；第二类是重要但并不紧急的（如保持健康、追求理想等）；第三类是不重要但却非常紧急的；第四类是不重要也不紧急的。

他认为，对第一类工作要有所节制，尽可能快速处理或避免，不能放弃；而应该把更多的时间投入第二类事务上，积极主动地去处理那些必须处理的重要事情，以防患于未然。

其实，当你能及时地处理好第二类事务之后，第一类工作自然就会减少。其他两类事务或许有一定价值，但它们往往对我们实现自己的工作目标和职业目标没有明显的帮助，因此一定要防止避重就轻。

在工作中，如果分不清事情的轻重缓急，没有确立要事第一的原则，就容易造成拖延，就无法应对不断涌来的琐事，结果就会将自己搞得手忙脚乱、头昏脑涨，却不能创造出较高的效益。

根据"二八"法则，我们应该用80%的时间去做那些最重要、最有价值的事情，而用20%的时间去处理各种琐事。

工作不但要讲究效率还要讲究效益，我们应该始终坚持"要事第一"的原则，把时间和精力用在最具"生产力"的地方。只有这样，你才能真正成为一个工作能手，使自己的职业生涯更加精彩。

比别人更主动，才能获得更多机会

习惯的力量是巨大的，积极的习惯能成就一个人，消极的习惯会毁灭一个人。如果一个人想比周围的人成长得更快，想获得更多有价值的机会，最应该做的就是在工作中养成积极主动的习惯——比别人更认真、主动地工作，愿意比别人做得更多。

当一个人养成了积极主动的习惯之后，勤奋努力地工作就会成为一种必然。

然而，现实中，能为自己的工作投入全部热情和智慧的人只是极少数，这些人正是因为自己的积极主动才迅速成长为职场上的精英。而大多数人只是在应付差事，把工作当成不得不完成的差事，即使他们也遵章守纪、循规蹈矩，按时完成任务，但却是在缺乏责任感、缺乏敬业精神的状态下完成的，他们只会机械性地完成任务。他们缺乏主动性、进取心和创造性，他们所能得到的结果最多也就是保住饭碗，吃饱不饿，却很难有晋升的机会。

成功是一个不断追求的过程，是将勤奋努力、积极主动融入每天工作中的过程。一个想要成功的人，在工作伊始，不应该目光短浅地为薪水或单纯地为升职而工作，应凭着自己积极进取的心态，本能地、习惯性地努力工作。当你工作到一定程度的时候，一切自然都会到来。

当亨利·瑞蒙德刚到美国《论坛报》做编辑的时候，他每周的薪水只有 6 美元，但他依然每天工作 13 ~ 14 个小时。经常是办公室的人都走光了，他还在工作。他对朋友说："没有什么办法能比努力工作让我进步得更快，也许我现在还没有什么特别的优势，我所能做到的也只是比别人更勤奋地工作和学习，积累更多的经验。这样，我的优势就会越来越明显。"没错，正是因为勤奋工作，使他的优势渐渐凸显。后来，他成了美国《时代周刊》的总编。

勤奋努力只是积极主动的基本表现。真正具有积极主动习惯的人，不仅会认真完成自己的本职工作，还会主动为公司贡献自己的力量，去做一些力所能及的分外之事。

12岁时，美国著名的出版商乔治·齐兹便到费城的一家书店当营业员，他虽年龄小，却非常勤奋。每天完成自己的工作任务之后，他常常会去做一些没有人注意的事情，比如清理书架角落里的灰尘，将读者拿乱的书籍摆放整齐等。有时，他还会主动帮助其他同事。

他在日记中写道："我不仅仅要按时完成自己分内的工作，把这些工作做好，还要去做我力所能及的一切工作，并且是一心一意地去做。要让我的老板明白，我是一个比他想象中更有用的人，我所创造的价值比他目前付给我的工资高得多。"

主动工作不仅能使人变得更加积极，能改善人的态度和能力，还可以使人获得更多的机会。

比别人多做一点是一种积极的好习惯，它不会耽误你很多时间，却能使你获得更多的锻炼机会，使你从众人中脱颖而出，率先进入老板的视线。这样，你就会有更好的职业前景。你虽然没有义务去做你职责以外的事情，但你可以选择自愿去做，以此来加快自己前进的步伐。不论你从事何种工作、身处何种职位，都应该主动一点。

听命行事是一个人基本的工作态度，但一个人若只会听命行事，像机器一样被人指挥着工作，便很难有大作为。现在的企业都提倡员工要有创新意识，强调员工的开拓能力和独当一面的能力，希望员工能把工作当作自己的事业来做，希望即使没有人督促，员工也能尽自己最大的努力将事情做得更好。这样的人，永远不愁发展无路。

美国标准石油公司曾经有一位推销员，名叫阿基勃特，他每次出差住旅馆的时候，总会在自己签名的下方写上"标准石油，每桶

4 美元"的字样。在其他需要自己签名的地方，如书信和各种票据上也是如此。于是，同事们干脆叫他"每桶 4 美元"。

标准石油公司的董事长洛克菲勒知道这件事后，非常感动："竟有这样努力宣传公司产品的员工，他不仅在销售公司的产品，更在宣传整个公司，我要见一见他。"次日，洛克菲勒通知自己的秘书，邀请阿基勃特共进午餐。后来，当洛克菲勒卸任时，阿基勃特成了标准石油的第二任董事长。

没有人告诉阿基勃特应在签名的时候写下这样的广告词，更没有人要求他这么做，这不是他的任务，可他却这么做了。在他看来，身为标准石油公司的职员，不论职位高低，都有宣传公司产品的责任和义务。他不仅因此打出了公司的品牌，也打出了个人品牌，从而奠定了自己成功的基础。

一个希望养成积极主动习惯的人，就要想得比别人远，做得比别人好、比别人多，就要主动去想、主动去做，无须别人要求和催促。

在工作中，积极主动的习惯还表现在很多方面，比如积极主动地改进工作方法，提高工作效率；积极主动地学习与工作有关的经验和技能，不断地向别人请教；积极主动地与同事合作，搞好人际关系；积极主动地同领导交流，让领导认识和了解自己，关注自己的工作……

养成积极主动的习惯，当你做出成绩以后，工作就真的成了你的事业。一个不能积极主动工作的人，或许可以逃过裁员，却很难有晋升的机会。

积极主动的习惯是可以慢慢培养的，不论你以前如何工作，从今天开始，从现在开始，你要去做需要做的事，应该做的事，做一切对公司有益的事，而不仅仅是上级分派给你的任务。

所以，积极主动的习惯是一个人开创职业生涯的最佳方法。

第五章

表现出众，成为职业舞台上的主角

一个人失去了自信，就像一条鱼离开了水面一样可怜。他只能眼睁睁看着别人在职业舞台上表演，而自己永远只能做个看客。其实，这一切完全可以改变的。只要永远坚信这一点，你就能成为职业舞台上唯一的主角。

从"不可能"到"一定能"

你怎么看待这个世界并不那么重要，重要的是你如何看待自己。因为你对自己的看法，决定了你对这个世界的看法。

接到任务，不要动不动就说"不可能"。面对工作，你只能有一个信念，那就是：一定能！有了这种心态，任何难题都会迎刃而解。

其实，很多事情，虽然表面看起来不可能成功，但只要有人努力去做，十有八九会做成功。因为很多看似"不可能"的工作，困难只是被人为地夸大了。当你冷静分析、耐心梳理，并把它"普通化"后，你通常就能想出完善的解决方案。

于是，人们常常感慨："原来成功并没有想象的那么高不可攀！"

在自然界中，有一种十分有趣的动物，叫作大黄蜂。曾经有许多生物学家、物理学家、社会行为学家联合起来研究这种生物。

大黄蜂之所以能引起这么多学者的关注，就因为它有着特殊的体态。根据生物学的观点，所有会飞的动物，其必备条件是体态轻盈、翅膀十分宽大；而大黄蜂这种生物，却完全相反。它的身躯十分笨重，而翅膀却出奇地短小。依照生物学的理论，大黄蜂是绝对飞不起来的。

物理学家则强调，大黄蜂身体与翅膀的比例，从流体力学的原理看，绝对没有飞行的可能。换而言之，大黄蜂这种生物，根本是不可能飞得起来的。

然而，只要是正常的大黄蜂，却没有一只是不能飞的，甚至它们飞行的速度，并不比其他飞行动物来得差。这种现象仿佛是大自然和科学家们开的一个很大的玩笑。

最后，社会行为学家找到了这个问题的答案。很简单，那就是——大黄蜂根本不懂"生物学"与"流体力学"。

每一只大黄蜂在成年之后，本能就让它很清楚地知道，它一定要飞起来去觅食，否则就会活活饿死！这正是大黄蜂能够飞得那么好的奥秘。

我们来设想一下，如果大黄蜂能够接受教育，学了生物学和流体力学，很清楚地知道自己身体与翅膀的构造完全不适合飞行，那么，这只知道自己"不可能会飞"的大黄蜂，还能够飞得起来吗？

为了回答这一问题，我们不妨拿另一个故事来作为参照。话说一只鹰从小就生活在鸡窝里，所有的鸡都告诉它"你不可能会飞"。结果这只鹰就真的丧失了飞行能力，它像一只普通的鸡一样度过了平凡的一生。

事实上，人有许多潜在的能力，只有到了紧急情况下才可能被激发出来。在日常生活中，这些紧急能力是隐藏着的。只要你有足够的信念，就一定将这些潜能激发出来。

当亨利·福特决定生产著名的V-8型汽车时，他选择制造一组8汽缸型的发动机，并指示工程师们去设计这种发动机。工程师们同意照办，可设计一直都停留在图纸上，因为在他们看来，制造8汽缸发动机对任何人来说都是不可能的。

福特说："无论如何要生产出来。"

"但是，"他们回答，"这是不可能的！"

"接着干，"福特说，"我需要它，我会拥有它。"

他们只好继续试验，好像受到某种魔力的冲击。通过一年多的辛苦工作，尝试了各种方法，最后他们终于找到了办法。

可见，要想走出"不可能"这一自我否定的阴影，就必须有充分的自信。相信自己，用信心支撑自己，完成在别人眼中不可能完成的工作。

当然，在灌注信心的同时，你必须了解这些工作为什么被人认为"不可能完成"，针对工作中的各种"不可能"，看看自己是否具有一定的挑战能力，如果没有，先把自身功夫做足做硬，"有了金刚钻，再揽瓷器活儿"。须知道，挑战"不可能完成"的工作常有两种结果：成功或失败。而你的选择往往使两者只有一线之差，不可不慎重。

故步自封永远无法自我实现

在工作中，我们常常陷入故步自封的牢笼，每天不思进取、得过且过。也许我们还有追求，但是由于各种各样的因素，浇灭了曾经的雄心壮志。这时候，我们只有尽快从这种状态中走出来，重新获得自驱力，才能获得更加广阔的天地。

否则，没有"自驱力"的员工最终会在这一场为生命进行的"奔跑"中淘汰。羚羊不去奔跑，它就会被猎豹吃掉；猎豹不去奔跑，它们将会饿死。难以实现自我驱动的员工，不会为自己的工作注入热情和力量，不会对企业、对工作保持高度的忠诚和热爱，最终这些没有自驱力的员工会被更优秀的员工淘汰掉。

蒋在一家国有企业工作了 10 年，终于爬到了销售经理的位置。

这个职位炙手可热，当然，蒋为此付出了很多。这家工厂生产的产品是生活用品，似乎注定了蒋在这家工厂中举足轻重的地位。

蒋以前接到总经理的电话，会马上起身赶往公司。而现在，他可以一边和客户聊天，一边和总经理聊天："老总啊，我现在很忙，正在和客户谈话。"

公司同事也一致觉得，蒋已经把自己关在了故步自封的牢笼里。他的自驱力完全丧失，所以，他以后的遭遇也就不足为奇了。

企业改制的时候，蒋有望再进步一次，升为主管销售的副总经理。可是不知哪个关节出了问题，蒋仍然是销售经理。而一个车间主任"一步登天"成了他的顶头上司。

他的愤懑是可以想象的，于是，他放出话来，自己不干了。最后董事长找他谈话，让他安心工作，董事会会考虑他的。但时间过去多时，董事会没有带来任何好消息，他原有的许多福利反而被取消了。

一怒之下，蒋辞职了。之前，他告诉一位跟他关系还不错的同事，说公司会挽留他的，因为他们再也找不到一个比自己更合适的销售经理了。但现实却是，蒋在提出辞职的时候，董事长并没有多大惊讶，只是希望他慎重考虑一下。蒋说已经考虑好了。于是，董事长说下午给他答复。过了3个小时，董事长打电话给蒋，说："请办好离职手续。"

蒋就这样离开了。之后，他想看公司产品销售不出去的笑话，但事实又一次彻底回击了他。公司产品仍然源源不断地发往外地，他的离去并没有给公司造成任何影响。他企图拉拢以前的那些商界朋友，却没有一个人愿意理睬他。因为他们是商人，他们以利润作为自己的终极目标。

蒋最终没能走出故步自封的牢笼，所以，他虽然爬到了很高的位置，还是落了个失败的结局。而那些具有自驱力的员工，就算他们起步的位置很低，通过不断的努力，也最终会"一步登天"，取得最后的成功。

你难道从未感觉到满足感所带来的狂喜吗？你难道还没找到目标，没有获取成长的力量吗？你难道还没有推动力，没有坚定生命的动力吗？那你还没有自我实现的强烈愿望。要知道，对于人生的真正意义的追求，能够使我们热血沸腾，使我们的灵魂燃烧。这种追求并不仅仅局限于一般意义上的维持生计，它在更高层次上与我们身边的社会息息相关，并且能够满足我们精神上的最高需求。

只有在追求"自我实现"的时候，人才会迸发出持久强大的热情，才能最大限度地发挥自己的潜能，最大限度地服务于社会。这种热情不只是外在的表现，它发自内心，来自你对自己正在做的某件工作的真心喜欢。

拥有自信，就会遇见心想事成的自己

在过年的时候，我们送给朋友最好的新春祝福，就是"心想事成"。其实这四个字绝不仅仅是一句祝福那么简单，而是包含着一种神奇的因果逻辑。因为心想，所以事成，而且这其中的逻辑关系是完全成立的。如果你一心想着做成某件事，并且为之积极努力的话，是有很大概率"心想事成"的。反之，如果一个人总认为自己丑陋，那么他就不能变得俊美；如果一个人总认为自己愚钝，那他也就成不了聪明人。只有保持积极向上的心态，才能将自己塑造成为一个优秀且富有魅力的人，才能心想事成。心想事成，代表着一种心理暗示的力量。

有一位心理学家，曾做过这样的试验，他从一群大学生中挑出一个看上去相貌平平、自卑羞怯的姑娘，并要求她的同学们改变以往对她的看法。于是，这个平时无人理睬的姑娘，突然迎来了自己一生中最阳光明媚的日子。她身边的所有同学都争先恐后地跟她亲近，向她献殷勤，护送她回家……大家从心里认定她是位漂亮聪慧的姑娘，这便让她发生了极大的改变。结果不到一年，这位姑娘就出落得气质出众、温婉动人，连她的言行举止也同以前判若两人。她对人们说，她获得了新生。其实，她还是原来的那个她，可又是什么力量使她脱胎换骨呢？答案是：自信心。

生活环境的影响，对一个人自信心的形成有着巨大的作用。如果一个人从小到大生活在被表扬的环境中，那么他就会感到自己很优秀，拥有自信；如果总是被呵斥，那他就会对自己产生怀疑，无法拥有自信。但这只是外因的作用，自信心的建立，要靠自己的内心。如果一个人坚信自己能够成功，那么无论多么恶劣的条件都不可能干扰他。如果想让自己变得更好，就要提高自信心，调整心中的做人标准。拥有自信，积极重塑自我，往往能使平凡的人做出惊人的事来。

胆怯、自卑和意志不坚定的人，即使有出众的才能、过人的天赋、高尚的人格，也难成就伟大的事业。如果你正是这样的人，那么一定要想办法改变自己。要想进行自我改造，就应该从改变对自己的看法入手。否则，自我改造的全部努力就会落空。

你要相信自己的能力，尤其是在遇到困难的时候，相信自己一定能够找到解决问题的办法，而不是愁眉不展，坐在那里长吁短叹。细想一下，如果拿破仑在率领军队越过阿尔卑斯山的时候，只是坐着说："这件事太困难了"，毋庸置疑，他的军队将永远越不过那座高山。无论做什么事，坚定不移的自信心，都是成功所必需的和最重要的因素。

我们每个人的才能大小、天资高低，固然大相径庭，但这些并不能决定我们的成就大小。一个人的成就有多大，真正起决定性作用的还是他的自信心。相信能做成的事，就一定能够成功。相反，不相信能做成的事，就绝不会成功。

大多数有自卑感的人，总是喜欢放大自己的弱点。他们整天都在担心自己的不足，以为每个人都在关注这些事，事实上，没有人会在意你的缺点。自卑的人还有一个特点，他们总爱拿别人的长处和自己的短处比，自认为这就是缺点，然后又费尽心思使自己相信"因为这个弱点，所以不能成功"。要克服这种自卑心态，其实也很简单，那就是要找到自己最擅长的东西，并且在这方面做出成绩。一旦你选择突出自己的长处和优点，自卑感便会消失，一种强而有力的能力便会取代你的缺陷及弱点。

要想成为一个优秀的人，正视自己的缺点是必要的，但是我们没必要放大自己的缺点。我们应该做的是扬长避短，发挥自己的长处，并且在这个基础上，想办法去克服自己的缺点。在这一方面，本杰明·富兰克林为我们做出了榜样。

富兰克林意识到他总是不断地与人发生争执，不断地失去朋友，总是和人相处不好。在新年前夕，大家都在制订新年计划。富兰克林也坐下来，开出一张清单，清单上有他所有让人讨厌的性格特点。他把它们一一列出来，并对这些特点进行编排，把最有害的放在清单的第一位，然后依次排序，害处最小的排在最后。他决定一个一个地改掉这些令人讨厌的性格缺陷。每次他发现自己已经成功地改掉了一个坏毛病的时候，他就把这个毛病从清单上划掉，直到清单上所有的坏毛病都划完为止。正是由于他积极地改变自我，使他成为美国人格较为完美的人之一。每个人都很尊敬他、崇拜他。现在几乎在所有关于性格塑造的书中，你都会发现富兰克林的名字，他的"重塑自我行动"给了人们很多启发。

富兰克林为了改变自我，不断地向自己的缺点挑战，终将自己改造成为一个优秀的人。其实只要你有自信心，有正确的方法、积极的态度和持之以恒的精神，就可以轻松改掉自己的缺点。即使你达不到富兰克林的高度，也可以让自己变得更优秀。

如何改变缺点，心理学家马特恩曾经设计过一套公式：

① 孤立弱点，将它研究透彻，制订一个计划并付诸行动。

② 详细列出你期望达到的目标。

③ 想象一幅将你自己的弱势变成强势的景象。

④ 努力成为你所希望的强人。

⑤ 在你的最弱之处，采取最强的步骤。

⑥ 请求他人的帮助，相信他们会这样做的。

养成终生学习的好习惯

身为现代人，要想适应不断变化的社会，必须养成终生读书、学习的好习惯。

看看那些年过古稀、学识渊博的老学者，嘴里牙齿都掉光，还仍然念叨着"活到老，学到老"。再看看一些年轻力壮、精力过剩的青年，他们肆意地挥霍着有限的青春，从不知道学习的紧迫性，这实在令人痛惜。

"各界人士，如商业界、运输界、制造界的人士，都曾告诉我，他们最需要、最欢迎的大学生，就是那些有选择书本的能力以及善用书本的人。"耶鲁大学校长海特莱说，"这种选择书本、善用书本的能力，最好是在家庭中养成。"

如果你很穷，你可以在吃饭、穿衣上节俭，但千万不要在购买书籍上节俭。花钱学习，你可能会暂时贫穷。不学习，你却要受一辈子穷，包括经济方面和精神方面。

迈克一家，父母子女相约每晚留出一部分时间，为读书或别种自修之用。晚饭过后，他们共同休息及游戏。在一小时之内，或谈笑戏谑，或做各种游戏，极尽欢娱。一小时后，轮到读书的时候了，他们各就各位，静默到连细针坠地都可听见，或阅读，或写字。即使其中有一个人觉得不舒适、不高兴、无意自修，他也会静默着，不去干扰他人。

对全家人来说，这可真是个好习惯。事实证明，一小时聚精会神，不被干扰的读书，其成效确实要大过常被干扰与心不在焉的两三小时的读书。无论你多忙，但总有很多光阴是虚度的、浪费的。这些虚度的光阴，如果能善加利用，就能获得重大的好处。

中国有句古话叫"士别三日，当刮目相看"。哈佛大学校长艾略特曾说："如果人能养成每天读10分钟书的习惯，那每天10分钟，20年之后，他的知识程度，前后将判若两人。只要他所读的都是好的书籍，也就是大众所公认的世界名著，不管是小说、诗歌、历史、传记或其他种类。"

海威希如今是一名小有名气的律师，但是他曾经因为没有受过训练而只能靠挖壕沟生活。他刚踏入社会的时候，在堪萨斯城一家贸易信托公司里当小职员。后来，他来到俄克拉荷马州的马歇尔市，进入壳牌石油公司做事。他爱上了市长的女儿爱芙琳·英格，并和她结了婚。不久，发生了经济大恐慌——海威希和许多职员马上就要被解雇了，因为他所受过的训练和培训都不够，没有办法担任一般书记员以外的工作，而这种书记员工作，在当时是找不到缺额的。因此，他只好接受了他所能担当的唯一的工作：以每小时4毛钱的代价，在石油管理工程公司里挖壕沟。

他想尽办法改善生活。于是，他经营了一家小型高尔夫球场，再加上他太太在一家店里工作的收入，那几年的生活总算还过得去。后来，他又被壳牌石油公司起用了，转到俄克拉荷马州的杜尔沙市，在会计部门办理有关投资的文书工作，但是他对会计工作却是一窍不通。

为了工作，他只有一个办法——学习。于是，他来到俄克拉荷马州法律会计学校的夜间部会计科上课，这是他做过的最聪明的一件事，因为这些课程使他了解到，可以利用晚上的用功学习来弥补工作上的不足。

经过3年学习，他的薪水开始加倍。随后他又马上进入杜尔沙大学夜间部的法律系上课，4年内修完全部学分，拿到了学位证书，并且通过律师鉴定考试而成为合格的执业律师。

但是，他仍然不满足。所以，他重又回到夜间部上课，准备参加会计师鉴定考试。研究高等会计3年以后，他又学了一门公众讲演的课程。最重要的是，这么多年以来的夜间教育，已经使他的薪水比20年前挖壕沟的时候多了20倍。

海威希先生除了在自己的律师事务所执业以外，还在俄克拉荷马州法律会计学校授课。作为该校的学生，海威希的故事是学习以获得成功的典型范例——任何一个愿意付出时间和努力的人都可以做到。

有道是滚石不生苔，坚持不懈的乌龟能快过懒惰的野兔。如果能每天学习 1 小时，并坚持 12 年，所学到的东西，一定远比坐在教室里接受 4 年高等教育所学到得多。

有个年轻人，他经常出门，很少在家。有时乘火车，有时坐轮船，但无论到什么地方，他总是随身携带一本书，以供随时阅读。一般人浪费的零碎时间，他都能用来自修、阅读。结果，他对于历史、文学、科学以及其他各国的重要学问，都有相当的见地，成为一个学识渊博的人，从而促成了自己一生的成功。

与这个年轻人相比，我们大多数人都在浪费自己宝贵的时间，甚至在那些时间里去做对身心有害的事情。

学习是一辈子的大事，关系到你的未来，是事业有成，还是穷困潦倒。只有不断学习，才能不断进步，一个人的知识储备愈多，才能愈丰富，生活就愈充实。因此，我们应抓紧一切时间，去多读书，读好书，掌握更多的知识和技能。

跨越自卑，自己的人生自己做主

有一位新任董事长，每次开董事会的时候，他总是蹑手蹑脚地走进会议室。就像他是一个无足轻重的人，就好像他完全不胜任董事长的职位。他甚至感到奇怪，自己为什么在董事会中威信这么低，甚至很少有人尊重他！

他没有意识到，正是他给自己全身都贴满"降价"的标签！每天，他像一个无足轻重的人那样立身处世，给人的印象是那样不自信，如何能得到别人的尊重？

那些因自卑而痛苦的人往往如是！

无数事实证明，很多人之所以会失败，就是因为他们太自卑。他们总是忍不住问："像我这样的人也能成功吗？"有的人竟然这样认为："假如我也能发财，那全天下的人都会发财了。"这样的人，实在傻得可怜！

因为自卑，总认为自己不行，所以他们做起事来畏首畏尾，"我不行""我干不了"成了他们习惯性的思想。其实，他们并不笨，也不是没有才能，只是心中对自己没有一个客观的评价，盲目地自我否定，从而丧失了信心，以至于对目标浅尝辄止。

实际上，只要跨越了自卑，你就能成为人生的主宰。

只要扔掉自卑，拥有自信，你就有了前进的勇气与力量，就有了奋斗的动力，从而能克服各种困难，战胜失败与挫折，最终抵达成功的彼岸。

梁启超说："凡任天下大事者，不可无自信心。每处一事，既看得透彻，自信得过，则以一往无前之勇赴之，以百折不挠之耐力持之。虽千山万岳，一时崩溃而不以为意。虽怒涛惊澜，蓦然号于脚下，而不改其容。"信心的力量是如此巨大，有了自信，就有了顽强的精神和意志，从而战胜自己，战胜困难。

一个自信的人，在前进的道路上，总能不畏险滩、不畏暗礁，从容不迫，跌倒了也会顽强地爬起来。这样的人，才能获得成功的青睐。

奥格斯特·史勒格说："在真实的生命里，每桩伟业都由信心开始，并由信心跨出第一步。"信心是成功的助推器，有了它，人们才会有动力，向着目标迈进；没有它，人就会心存疑惑，注定会走向失败。

记住，跨越自卑，你就是人生的主宰。

一个人有了信心，就没有做不成的事。卢梭说："自信心对于一个人的事业简直是奇迹，有了它，你的才智就可以取之不尽。一个没有自信心的人，无论有多么大的才能，也不会有成功的机会。"

目标如明灯，照耀你前行

一位名人曾说过这样一句话："你必须首先确定自己想干什么，然后才能达到自己确定的目标。"所以，只有目标才会使你胸怀远大的抱负，才会使你在失败时赋予你再次尝试的勇气，也才会使理想中的你与现实中的你相统一。

一个缺乏目标的人生是毫无意义的。一个人无论做什么事情，首先一定要有明确的目标。目标就是心灵的觉醒，只要你有足够的勇气和明确的目标，就可以成为全世界非常有影响力的人。成功者与平庸者的区别就在于：成功者始终有一个明确的目标、清晰的方向，并且自信心十足，勇往直前地向前挺进；而平庸者却是终日浑浑噩噩、优柔寡断，迈不出决定性的一步。

让我们来看一个小故事，或许你能从中得到一些帮助，找到属于自己的人生方向。

美国总统罗斯福的夫人在年轻时从本宁顿学院毕业后，想在电讯业找一份工作，她的父亲就介绍她去拜访当时美国无线电公司的董事长萨尔洛夫将军。

萨尔洛夫将军非常热情地接待了她，随后问道："你想在这里干哪份工作呢？"

"随便。"她答道。

"我们这里没有叫'随便'的工作，"将军非常严肃地说道，"成功的道路是由目标铺成的！"

所以，一个人要想有所成就，就要有明确的奋斗目标，从而产生前进的动力。因此，目标不仅是奋斗的方向，更是对自己的鞭策。有了目标，就有了热情，有了积极性，有了使命感和成就感。其实，没有奋斗的方向，就会活得混混沌沌；准确地把握好自己的喜好和追求，才是走向成功的第一步。

显然，成功总是属于那些有目标的人，鲜花和荣誉从来不会降临到那些没有目标的人头上。许多人怀着羡慕、嫉妒的心情看待那些取得成功的人，总认为他们取得成功的原因是有外力相助，于是叹喟自己运气不好。殊不知，成功者取得成功的主要原因，就是因为他们内心始终为自己树立了一个明确的目标。

美国财务顾问协会的前总裁刘易斯·沃克曾接受一位记者采访，要他谈有关稳健投资计划的基础问题。他们聊了一会儿后，记者问道："到底是什么因素使人无法成功？"

沃克回答："模糊不清的目标。"记者请沃克进一步解释。他说："我在几分钟前就问你，你的目标是什么？你说希望有一天可以拥有山上的一栋小屋，这就是一个模糊不清的目标。问题就是时间不够明确，因为不够明确，成功的机会也就不大。"

在现实生活中，有数以千计的人，他们共同的悲哀是："我无法决定。"这真是人生一大遗憾。因为"无法决定"的背后是对"成功目标"缺乏信心，它将扼杀人的希望、自信、进取精神和未来成就。一旦你陷入犹豫不决、彷徨无助的境地时，便无法胸有成竹地向一个明确的目标迈进。

一个没有目标的人就像一艘没有舵的船，永远飘忽不定，只会到达失望、失败和丧气的海滩。其实更多的时候，目标还是要靠自己树立。唯有自己才明白自己的特长和潜力所在，才最明白什么样的目标会让你永久热爱——而热爱是迈向成功的重要心理保证。

你可曾想过，大多数人都是在没有明确目标或明确计划的情况下，完成了教育，找一个工作，或开始从事某一种职业。但许多人依然如无头苍蝇到处乱撞，找不到合适的工作。因为他们从一开始就没有确立明确的目标，所以到了"而立"之年甚至"不惑"之年，还在为找不到合适的工作而苦恼，人生始终处于失败的状态。

比如，你希望在山上买一间小屋，你就必须先找出那座山，找出你想要的小屋现值，然后考虑通货膨胀，算出 5 年后这栋房子值多少钱；接着你必须决定，为了达到这个目标你每个月需要存多少钱。如果你真的这么做了，你在不久的将来就会拥有山上的一栋小屋，但如果你只是说说，梦想就不可能实现。梦想是愉快的，但没有配合实际行动的模糊梦想，则只是妄想而已。

为了明白目标的重要性，我们可以这样假设一场生死攸关的篮球冠军争夺战中的一个场景：

两支出色的球队在做了赛前的热身运动之后，返回更衣室，其中一支球队的教练对自己的队员面授行动前最后的"机宜"，下达最后的指示。他告诉队员："队友们！这将是我们的最后一战，成败在此一举，我们要么青史留名，要么默默无闻，结果就取决于今晚！没有人会记得第二名！整个赛季的成败就在今晚！"

听到这里，队员们无不心潮澎湃、热血沸腾，一个个像被打足了气的皮球。当他们冲出门跑向球场时，几乎要把大门从门框上扯下来。可当他们来到球场上时却愣住了，原来他们发现球篮不见了。

没有球篮，他们就没法知道比分，就无法知道他们的投球是否能命中，他们的比分是否多于对手。总之，没有投球的目标，他们就无法进行比赛。球篮对于球类比赛相当重要，对吧，那你呢？你是否也在打一场没有球篮的比赛？如果是这样，你的得分是多少。

所以，聪明的人，有理想、有追求、有上进心的人，一定都有一个明确的奋斗目标，他懂得自己活着是为了什么。因而，他的所有努力，都是围绕着一个目标所进行的，他知道自己怎么做是正确的、有用的，否则就是做了无用功，或者浪费了时间和生命。

在成长的道路上，只有明确了前进的目标，才会最大限度地发挥自己的潜力。只有在实现目标的过程中，你们才能够检验出自己的创造性，调动沉睡在心中的那些优异、独特的品质，才能锻炼自己、成就自己。

人生志向，决定成就高低

世界顶尖潜能大师安东尼·罗宾曾说："有什么样的目标，就有什么样的人生。"当你给自己定下目标之后，目标就会是你行动的方向，也是对你人生的鞭策。目标给了你一个看得见的射击靶。在你一天天地实现自己定下的目标时，你会从心底里产生一种成就感和幸福感，从而更加努力地去追求。

有这样一个小故事：

3个工人在砌墙，有人走过来问他们在干什么。

甲没好气地说："没看到我们在砌墙吗？"

乙说："我们在建造一座雄伟的大楼。"

丙吹着快乐的口哨，高兴地说："我们正在建设一座美丽的城市。"

10年后，甲仍在工地砌墙；乙成为一名著名的建筑设计师；而丙这时已经是这个城市的市长了。

这个故事说明了目标明确的重要性，这个故事告诉人们有了明确的目标，才会有所成就。明确的目标是前进的方向，明确的目标是人生的灯塔，人生若没有一个明确的目标，就像风筝断了线一样，不知道将要随风飘到哪里去。一个人如果没有明确的目标，他只能庸碌地过日子，只会与失败为伍。

如果一个人能对自己的能力进行正确的评价，再给自己树立一个切合实际的目标，一步一个脚印地走下去，取得成功并不是一件困难的事。因为有了明确目标的指引，人对于前进道路上的困难就会有心理准备，就能够接受任何挫折与失败，并不断地调整自己的心态；不但有利于身心健康，而且有助于事业的成功。

但是，需要注意的是，奋斗目标不应该好高骛远。目标要明确、具体，不能太笼统，目标还要适度，使自己能够承受。此外，所设目标要有一定的难度，有一定的挑战性，有相当的竞争性，同时也不能"可望而不可即"，不然，只会给人徒留笑柄。

要做个有成就的人，就必须知道自己想在什么方面取得什么样的成就。没有目标，就会像在太平洋中驾船却没有带指南针一样，随波漂流，虚度光阴，哪儿都去不成。

明确的目标会让你精神十足地去面对前进道路上的一切困难，对于前方的艰难险阻，你会用百倍的信心去面对。有了明确的目标就会产生强大的精神力量，整个世界都会为你让路。

因此，年轻的朋友一定要学会：不管做什么事，都要先树立一个明确的目标。了解自己内心的需求，明确自己的人生方向，朝着目标不断地前进，方能到达理想的彼岸，方能收获人生的喜悦与幸福。

拥有坚持不懈的决心

英国首相丘吉尔在第二次世界大战胜利后，应邀在剑桥大学的某届毕业典礼上做致辞。这是丘吉尔历史上演讲最短的一次，也是最脍炙人口的一次演讲。经过隆重的介绍之后，丘吉尔走上讲台，以独特的风范开口说："永远，永远，永远不要放弃。"底下一阵长长的沉默，然后他再次强调："永远，永远，永远不要放弃。"人们惊讶着，安静地等待他接下来的演讲。他又注视了观众片刻，然后回座。

是的，永远，永远，不要放弃。如果做任何事都半途而废的话，最简单的事也不可能完成。在最困难的时候，要坚信：沙漠尽头必是绿洲，坚持到底才能胜利。

　　年轻人刚步入社会这个大熔炉，生活经验和社会经验都不是很丰富，因此在做事的过程中难免会遇到各种各样的困难。面对这种情况，一定不要轻言放弃，一定要坚持下去。要明白，所谓的成功者，都是那些坚持到最后一刻、迈出了最后一步的人。

　　在阳光灿烂的一天，两只猎豹商定结伴出去捕捉猎物，以便把饿了一天的肚子填饱。还没寻觅多久，一只羚羊就出现在它们的视线里，两只猎豹如获珍宝般地穷追不舍，可是羚羊跑得很快，两只猎豹追了很久也没有追上。就在它们有些力所不支时，前面突然出现了一头野牛，其中一只猎豹决定放弃追羚羊，转而去追野牛，它说："要是能够追上野牛，并咬死它的话，那可是够我们吃上一阵的了。"

　　另一只猎豹摇摇头劝它说："咱们追羚羊这么久了，羚羊肯定和我们一样累。只要咱们再坚持一会儿，肯定能追上的。"想追野牛的猎豹根本听不进去，执意要去追野牛。最后，追倒是追上了，可野牛并不是好惹的，与野牛的打斗中猎豹显然处于劣势，几个回合下来没有占一点上风，无奈之下只好垂头丧气地饿着肚子回来了。而那只追羚羊的猎豹很快就把羚羊追上，美美地吃了一顿。

　　两只猎豹同追羚羊，一只坚持不懈，最后美餐了一顿；而另一只半途而废，改追野牛，结果两手空空。这种结局也是我们意料之中的。

　　同样两只猎豹，却是不一样的结局。世上事情就是这么简单，只要你再坚持一下，就能取得成功。成功者与失败者的区别，只在于多坚持了一会儿。法国启蒙思想家布封曾说："所谓天才，不过是最大的毅力而已。"的确，无论干什么事，坚持不懈的毅力和持之以恒的精神都是必不可少的。

古语云："行百里者半九十。"就是说成功需要坚持不懈、坚忍不拔，否则就会半途而废。许多人正是因为没能坚持到最后一刻，在离目标半步之遥时停住了脚步，与成功擦肩而过。

罗曼·罗兰也说过："最可怕的敌人，就是没有坚强的信念。"是的，一个人无论在做什么事情的时候，都需要有一种坚持不懈的精神，坚持不懈会让一个人拥有更大的力量，就像插上了一副丰满的羽翼，让你飞得更高，飞得更远。

轻言放弃，只会离目标越来越远

从古至今，有许许多多平庸者成功和聪明人失败的事例，这的确是一个令人惊奇的现象。但是，仔细分析一下就不难发现，这个现象的原因在于，那些看似愚钝的人却有一种顽强的毅力，有一种不屈不挠的精神，有一种在任何情况下都坚如磐石的决心，有一种对目标的执着精神，有一种从不受任何诱惑、不偏离自己既定目标的能力，有一种从不轻言放弃的精神；而那些聪明却不坚定的人，往往没有一个明确的目的，四处出击，结果分散了精力、浪费了时间。所以，不能坚持下去就是他们不能取得成功的重要原因之一。

享誉全球的日本松下电器公司的总裁松下幸之助是日本著名的企业家，被称为日本的"经营之神"。松下幸之助年轻的时候，家庭十分贫困，一家人全靠他养活。

为了一家人的生计，瘦弱矮小的松下到一家电器厂去谋职。他走进这家工厂的人事部，向一位负责人说明了来意，并请求对方给自己安排一个工作，哪怕是最底层的工作也可以。这位负责人看到松下人又瘦又矮，衣服肮脏，觉得他不是合适的人选，但又不能直接说，于是就找了一个理由："我们现在暂时不需要人，你一个月以后再来看看吧。"

这原本是一句托词，可没想到松下当真了，一个月后松下又来了，那位负责人又推托说过几天再说吧。几天之后，松下又来了，这样反复了多次，这位负责人有点烦了，干脆说出了真正的理由："你这样脏兮兮的是进不了我们工厂的。"然后，松下回去借了一些钱，买了一身整洁的衣服穿上再次来到电器厂。

这个人一看实在没有办法，便告诉松下说："关于电器方面的知识你知道得太少了，我们不能要你。"两个月后，松下又一次来到这家企业，说："我已经学了不少有关电器方面的知识，你看我哪方面还有差距，我一项一项来弥补。"

这位负责人盯着他看了半天，被松下的执着精神感动了，说："我干这一行几十年了，还是第一次遇到像你这样来找工作的，我真佩服你的耐心和韧性。"最终那位主管答应让他进入工厂工作。

不轻易放弃的精神成就了松下幸之助辉煌的人生。一个人在做事时能否不达目的不罢休，这是测验一个人品格的一种标准，"永不放弃"是最难能可贵的一种德行。许多人都乐于跟随大众向前，在情形顺利时努力奋斗，这并不难做到；但是在大众都选择退出、向后掉转，只剩下自己孤军奋战时，仍然能够坚持着，这就难能可贵了。这是需要恒心、需要意志的。

每个年轻人都想在自己的人生中取得辉煌成就，成为一名成功人士，首先要做的就是问问自己："我的毅力有多大，我有恒心与意志力吗？我能在失败以后仍然坚持不弃吗？我能倒下了再站起来吗？我能不能在遭遇艰难险阻时仍然前进呢？"如果这些你们都具备了，那么，只要你努力，成功就不再遥远。

两个以上的目标等于没有目标

一个人赢得好射手的美名，并非由于他的弓箭，而是由于他的目标。

大脑的发育水平，对于每一个人来说，基本上是相同的，除去那些天生的神童和天生智障以外，这个世界上是没有谁比谁聪明的。在现实生活中，有很多看起来很聪明，但学习就是老赶不上去的学生，其主要的原因就是：目标不强。

20世纪40年代，有一个年轻人，先后在慕尼黑和巴黎的美术学校学习画画。"二战"结束以后，他靠卖画来维持生计。

一天，他一幅未署名的画被一个人误认为是毕加索的画而买走了。经过这件事以后，他想，我何不去模仿毕加索呢？此后，他一模仿就是20年。

20年以后，他一个人去到西班牙的一个小岛上，他想有一个家，让自己安顿下来。

有一天，他再一次拿起了画笔，画了一些风景画和肖像画，并署上自己的姓名出售。但是。他的画过于感伤，主题也不明确，没有得到他人的认可。更不幸的是，当局查出他就是那位躲在幕后的假画制造者，考虑到他是一个流亡者，所以没有将他永久驱逐，而只判了他两个月的监禁。

这个人就是埃尔米尔·霍里。不可否认的是，埃尔米尔在绘画方面有独特的天赋和才华，但是，由于他没有找准自己的方向，没有找到自己的目标，没有强烈的目标感，终于陷进泥淖，不能自拔，并难逃败露的结局。最令人感到可惜的是，他长期模仿别人的画，以至于让自己丢了最宝贵的思想，在模仿中渐渐迷失了自我，再也画不出属于自己的作品了。

究其落魄的原因，可以说他是目标感不强，错把别人的目标当成了自己的目标，所以，最终难逃失败的结局。

目标感不强的年轻人，做事虎头蛇尾，不能善终，最终一事无成，就像脚踩西瓜皮，滑到哪儿算哪儿。而目标感恰恰是情商中最核心的因素，有了目标的人，不管前面的路有多崎岖、多曲折，他都会一往无前。有很多没有目标感或者目标感不强的人，往往没有那些目标感强的人进步快。

一个目标感不强的人，是不会在成功的路上走到头的。有人说：两个以上的目标就等于没有目标。可见，目标必须具有专一性。

第六章

技能出众，给自己输送正能量

世界上没有永恒不变的事物，唯一不变的就是变化。市场在变，观念在变，我们也要随行就市，跟着变，以变制变才是适应之道。否则，如果不懂得求新求变，你将被这个社会无情地淘汰掉，成为与新环境格格不入的老古董。

老技能不能吃一辈子

从前，优秀的厨师靠着自己的一道招牌菜，走到哪都会受到礼遇。这就是所谓的"一招鲜，吃遍天"。同样的道理，人在职场，必须有自己的独特之处，如此才不会被别人替代。

于是，聪明的员工，会不断地对自己的工作进行创新，这样才能让自己有所作为，而又不会被激烈的竞争所淘汰。但往往还会有这么一些人：他们靠着自己的一技之长，在职场中拥有很体面的工作，薪金待遇也不错，对自己目前的状况也很满意，认为没有什么可以令自己烦恼，只要像现在这样一直生活下去就行了。

然而，时至今日，一招鲜还能吃遍天吗？

他们没有意识到：在职场中，是没有人会为他们的工作上"保险"的。他们也没有意识到：在公司缩减规模、大幅裁员的时候，自己在激烈的职场竞争中处于劣势的时候；在自己的能力已经跟不上公司发展的时候，自己如何保障收入来源，如何确认自己在下星期、下个月和下一年都有稳定的经济来源。

这里有一个关于水桶和管道的故事：

很久以前，意大利中部的一个小山村里，有两位名叫柏波罗和布鲁诺的年轻人，他们是最好的朋友，都梦想成为富有的人。

一天，村里决定雇用两个人把附近河里的水运到村广场的水缸里去。这份工作交给了柏波罗和布鲁诺，他们抓起水桶奔向河边。

到了晚上，他们把镇上的水缸都装满了。村里的长辈按每桶一分钱的标准付钱给他们。"我们的梦想实现了！"布鲁诺高声地叫着，"我简直无法相信我们的好运气。"但柏波罗却不是非常确信。他的背又酸又痛，提那重重的大桶的手也起了泡。他想如果有一天我生病了，或是提不动水桶了，我该靠什么挣钱呢？

"布鲁诺，我有一个计划。"第二天早上，当他们抓起水桶往河边奔时，柏波罗说，"一天才挣几分钱的报酬，而这样来回提水，恐怕不是长久的差事，干脆我们修一条管道将水从河里引到村里吧。"布鲁诺愣住了，他说："柏波罗，我不知道你的脑子里在想些什么，我们有一份不错的工作，我一天可以提一百桶水。一分钱一桶，一天就是一元钱！一个星期以后，我就可以买双新鞋。一个月以后，我就可以买一头母牛。六个月以后，我就可以盖一间属于自己的新房子。我们有全镇最好的工作。我们一周只需工作五天，每年两周的带薪假期。我们这辈子可以好好地享受生活了！赶快放弃你的管道吧！"柏波罗没受朋友的话影响，他将一部分白天的时间用来提水，而另一部分时间以及周末则用来建造管道。

日子一天天过去了，柏波罗的管道终于完工了，现在村子里有源源不断的水供应了。他吃饭时，水在流入；他睡觉时，水在流入；当他周末去游玩时，水还在流入。流入村子的水越多，流入柏波罗口袋里的钱也就越多。而布鲁诺呢？可以想象得到，他因为管道的完工而失去了原来他认为很好的工作，没有了经济来源。

这个故事告诉我们，在职场中，永远都不要以为自己的工作已经上了保险，那只是自己的期望而已。所谓"有保障的工作"或"完美的工作"的概念只是一种幻觉。

还有一个真实生活中的例子：

海曼是一位医术高明的牙医，她每周只工作 2 天，而每年的收入是 10 万美元。她对自己的工作十分满意，认为就这样下去没什么不好的。

但是，令人遗憾的是，在 40 岁的时候，她的手因患了关节炎而无法再从事牙医的工作了。最后只能到一所中学教书，收入也由原来的每年 10 万美元降到 3 万美元。虽然她没有做错任何事情，但理想的工作消失了。

大家可以看出来，海曼犯了和布鲁诺相同的错误，他们都认为自己目前的工作已经很不错了，没有必要再浪费时间去学习一些新的技能和谋生手段了，更没必要去尝试一些自己没有做过的事情。但是，结果呢？他们都失去了自认为有保障的工作。

这就告诉我们，无论你所从事的工作的条件是多么优越、待遇是多么丰厚，保险公司都不会给你的工作上保险。你要意识到自己时刻处在一个不安全且充满危机的环境中。

只有这样，你才不会为自己懒于改进工作而找各种冠冕堂皇的理由，发现自己在很多方面还需要继续改进和提高。

你的危机意识会让你比别人领先一步，比别人先做好应对危机的准备。当危机真的来临时，对你造成的冲击是最小的，很容易就能化解，而不是一败涂地。你的预想，本身就为自己取得成功多铺了几条路。预防危机的最好办法就是时刻保持高度的警惕。

与时俱进才能变得更强大

俗话说"人往高处走"，想尽办法向上升迁，是无可厚非的事。但并非想升就能升，必须具备有助于升迁的条件。换句话说，只有让自己变得更强大，更有能力，你才有资格爬得更高。能力是一把梯子，决定你能爬多高。

当然，能力并不是个简单的观念，主要由以下 4 个部分组成：

1. 技巧

能将困难或复杂的技术简单化。

2. 知识

具备相关的、已经组织好的信息，而且能够运用自如。

3. 态度

表现出高水准的积极的情绪倾向和意愿。

4. 信念

对自己完美的表现有信心。

如果想升迁的话，现有的能力永远是不够的，假设你是一个普通职员，想爬到主管的位置上，那么，你现在的专业技能显然不够用，你需要具备相应的管理能力，以便管理下属；还需要熟悉相关部门的知识，以便跟他们合作，等等。如果这些能力还不具备，就应该尽快学习。等爬上去再学习的想法是不现实的，谁愿意将某个职位交给一个暂时还不能胜任的人呢？除非那些任人唯亲的人才会如此。

并非所有能力都有助于你的发展，也没有一种能力可以适用于所有职业。寻求新的发展，意味着必须获取新能力，而且必须以事业为主，必须清楚自己所必需的能力，以及促使自己表现非凡的能力。

如果自认为升迁成功是你的必然，不妨使用下面的个人发展技巧：

① 明确地认识下一个职业目标。

② 把此刻正担任着你所渴望扮演之角色的人列出来。

③ 尽可能客观地按表现"成功"和"不成功"将他们分类。

④ 分别去认识表现成功和表现不成功的人。

⑤ 尽可能弄清他们成功或不成功的原因。

⑥ 弄清哪种做法有助于成功，并仔细把这种做法的特点写下来。

⑦ 比较"最好"和"最差"的做法，看看它们的差别在哪里。

⑧ 在工作机构外，观察你所崇拜的表现成功的人士，并得出结论。

⑨ 参考教科书、自传等，以便获得不同的看法。

⑩ 把自己崇拜对象的突出能力详细地写出来。

⑪ 把所需的能力和自己目前的能力作比较，并为填补这道鸿沟而拟定行动计划。

⑫ 能力分析的关键在于对已扮演该角色的人士做详细研究，这就需要观察并积极倾听他人的叙述。

希望出人头地是无可厚非的，但这却不是个人的事情。当你在节节上升之际，无形中会与其他同事竞争，这时候知己知彼则显得尤为重要。

在这个日新月异的年代，面对突如其来的变化，你可以抱怨；面对变化，你可以浮躁；面对变化，你也可以一直等待……但这都是你的初始表现。对于周围事物的变化，我们需要有一颗宽容和理解的心，尽快适应新变化，也许这个变化恰好是你成功之路的起点——一扇有益之门正向你打开呢！

更新旧知识，迎接新挑战

无论你是初出茅庐的职场新人也好，还是已经建功立业的职场老手也罢，你都要记得时刻为自己补充"功力"。否则你将没有容身之地。

我们所处的这个时代，是一个信息膨胀、知识爆炸的时代，知识的力量是无穷的。要想不被时代淘汰，最重要的技能便是学习。在一个变化越来越快的时代，每个人既有的知识和技能很容易过时。如今好多拥有某种专项技术的人常常显得知识狭窄，这种仅在技术方面片面发展的趋势，是非常不合适的。在很多职业中介机构的名录里，登记着无数受过教育的失业者的名字。其中的大部分人都是因为自己没有进一步发展专业能力而被人超越，最后失去了原有的饭碗。因此，一个人要"不断自我充电"，才能化解工作上的危机。

在"知识经济"时代，必须能够勤于学习，善于学习，并且终身学习，才能在竞争激烈的社会中立于不败之地。工作每天都有新情况、新挑战，我们每天都会面对新事物，学习与工作相伴，快乐工作离不开学习。

随着知识经济浪潮的到来，简单扼要的"裂变效应"将会导致知识更新速度的不断加快，为了适应高速发展的社会，终生学习或教育成为每个现代人生存和发展的必经之路。据英国技术预测专家J·马丁测算，人类的知识每3年就增长一倍。西方目前流行这样一条"知识折旧"规则："一年不学习，你所拥有的全部知识就会折旧80%。"

自我充电既是自我进步的需要，也是一笔长久的投资。"活到老，学到老"，在不断发展的时代中，你永远都要充电。对于一个身处职场的人来说，不断地充电学习、更新知识和每天保持干练的职业形象一样重要。即使有专业技能，也要不断地学习，了解你所从事的行业和职位的最新资讯，根据最新的职业要求，补充自己的技能，坚持与时俱进。

职场上一个人的前途之所以无限光明，是因为他事先学会了扫除将来有可能遇到的各种障碍的必备知识。生活其实是由我们自己塑造而成的，如果我们能够学会接受自己，弄清自身的优缺点，就能地专心地做事，实现目标，不会浪费时间与精力。事实证明，在知识方面的"自我投资"是成功者的一个重要特征。

丹娜一直是个精力充沛的美丽姑娘，她喜欢需要动手的工作，她的业余爱好是艺术和体育。她在上中学时，对大学预备课程没有兴趣，但是喜欢修理科、体育和艺术方面的课程，而且表现突出。

18岁的时候，她找到了第一份工作——工厂装配工人，任务是将不同的电子元件装配在一起，月薪是800美元。很快她又掌握了更加复杂的工作，并成为厂里干活最快和质量最好的装配工人。她还有维修设备的天分，当设备出现故障时，经常是丹娜让它重新运转起来。

3年之后，丹娜依然很喜欢在那家工厂工作，但她却希望能够进入薪水较高的管理层。她意识到这样的转变需要掌握更多的知识，于是她参加了社区学院举办的夜校。经过4年刻苦的学习，她获得了学位证明，被提升为车间主管，月薪是4000美元，是当工人时的5倍。这大大地改善了丹娜的生活质量，并且更有财力去发展自己的爱好。

知识的力量是无穷的。在这个知识经济时代，必须能够勤于学习，善于学习，并且终身学习，才能在竞争激烈的社会中立于不败之地。有许多人在学校时成绩平平，但后来却能在学识及事业上有惊人的表现，原因就在于此。你要相信知识能够改变命运、成就大事。

在现代社会，文凭虽然能帮你找工作，却不能保证你在这份工作中一定有什么成就。如今的职场重视的是能力，而不是文凭，所以你要继续学习，不断掌握新的知识和能力。一个人能一步一步随着岁月踏实地发展，经过一年就具有一年的实力，经过两年就具有两年的实力，经过 10 年、20 年、30 年，逐渐造就了与其时间相称的实力，这种人才是真正的"大器晚成"。

有不少人做一份工作干一段时间就觉得没意思了，想换一份工作。换一份工作就得有条件、有实力，而实力来自自身。虽说现代社会机会很多，但你要是不学习的话，必然会被社会淘汰。因此，你要天天学习，这样你就天天有进步，就会天天有机会，你的生活才会充实而多彩。如果你因为目前的工作进行得很顺利就感到很放心，每天悠闲地过安稳日子，那么目前的情形就不一定能维持很久了，失败的日子一定不远了。

有些人从学校毕业后进入社会就失去进修的心，这种人以后不会再有什么发展。反之，学生时代即使不显眼，进入社会后仍然勤勉踏实地学习的人，往往都会有长远的发展。能持续保持这种态度的人只会进步，没有停顿。

教育让我们有能力创造自己的快乐。在这方面，我们必须自学成才，学会自我更新，自我充电。工作每天都有新情况、新挑战，你每天都要面对新事物。学习与工作相伴，工作本身就是学习。一个人的前途之所以无限光明，是因为他事先就已经学会了扫除将来有可能遇到的各种障碍的必备知识。

自我调整，创造一片新天地

"跟我走吧，心不要害怕。有一个地方，那就是快乐老家。"缓解压力，走出情绪低谷，让你的心情快乐起来。我们应该是快乐的天使，而不是忧郁的可怜虫。来吧，调整好你的情绪，让我们一起去寻找职场中的"快乐老家"。

不让工作追着跑，发挥个性、张扬本色。

工作步调不断加快，得失之间也变得鲜明无比，情绪的变化常把自己搞得头昏脑胀，稍有心态调整不当，就有可能落入情绪忧郁的恶性循环中。当自己工作情绪不好时，你可以通过各种方法来排解它，跑到室外用自己不满的拳头在受气包上、在墙壁上、在小树上肆意打上几拳的时候，你的心情肯定会变得好起来。可以将自己的得失与朋友倾诉，特别是在坏情绪降临心头时，可以先做做深呼吸、伸伸懒腰，再去找一位知心朋友随便聊聊天，聊天之后你的低落情绪就会不知不觉中得到缓解。多想想自己成功或者美好的时光，回忆过去的辉煌以及别人对自己的赞美，可以改善心中的郁闷。听听自己喜欢的音乐，也是不错的放松方法。

行之有效的方法，轻松、明快的乐曲总能带自己到"快乐老家"。不管情绪有多不好，只要听一下自己喜欢的歌曲，顿时就能感到神清气爽。想办法释放工作中的压力，不仅便于自己发现生活的乐趣，也能为再次做好工作鼓足干劲。

1. 努力让环境"新鲜"

陌生的工作环境可以让自己感到好奇、兴奋、新鲜，做什么事情都干劲十足，不过逐渐熟悉了工作环境之后，这些心态将渐渐离自己远去，更多体验的是谨慎、见怪不怪、程序化地完成工作任务。长此以往，工作积极性自然下降。为此，你可以想办法为自己创造各种"陌生"环境，让自己好奇、兴奋、新鲜的心态持续保持，让自己感到永远"实在"。除了工作环境，你可以去外部开辟学习充电的各种不同环境，为自己的进一步发展"充电加油"，比方说积极参加单位或者社会的相关培训，努力地争取在各种场合结识专业人士等。

2. 合理调配"自我"

善于安排个人精力的人总是感觉生活是轻松的，工作是愉快的。为了达到这种境界，你应该对所有的工作都做好规划，并在规定的时间内完成。工作结束后，要充分利用闲暇时间，切忌将工作带回家做。对于个人的进展应该定期进行"标记"，以便让自己明白目前已经完成了多少，还有什么工作没有完成；对没有完成的任务，应该规划好完成的时间，并在某段时间，合理分配自己的精力，从而将工作、学习、生活、娱乐各方面进行合理安排，而且能够很好地实现自我循环，自我提升。

3. 找出压力的根源

工作中的压力是每个人都会有的，最主要的一点就是你能否适应这份工作。如果适应的话，那么工作中的压力就是自己进步的动力，你会很从容地去面对，找出压力根源所在；如果是知识欠缺，那么就需要去给大脑充电；如果是人际关系等其他方面有问题，那么你就要向有经验的人去请教，多找公司的同事谈心，其实有些事情在大家开诚布公的"交谈"中也就解决了！当然压力的来源很多，最主要的是自己永远要有颗自信的心！

4. 同事是最好的"减压"医生

在工作中，难免会遇到这样或那样的问题，每当你遇到类似的问题，并因此产生了无形的心理压力时，你就可以找单位里情同姐妹的同事进行倾诉。因为对自己知根知底的同事，往往最能客观地"对症下药"。

提高技能，就是提高竞争力

如今，科技发展日新月异，市场经济千变万化，人才的需求也会随之不断改变。越来越多的职场中人开始产生危机感，那是一种对自己原有的知识结构、知识层次不满意而产生的彻骨的危机感。

于是，很多人开始走进课堂充电进修。因为他们心里清楚，眼下市场竞争激烈，求职时只顾眼前利益，不考虑长远发展显然是不行的，在职充电已是大势所趋。

如果停止学习，别说晋升了，恐怕现有的饭碗都可能保不住了！

职业半衰期越来越短，所有高薪者若不学习，无须 5 年就会变成低薪！知识处于不断折旧中，而学习是防止知识折旧的最好方法。人才市场也随之出现了新的概念，由原来的"高学历、高职称就是人才"，转向"有需要才是人才"。

未来社会只有两种人：一种是忙得要死的人，因为工作和学习；另外一种是找不到工作的人。来自人才市场的信息已表明，现在的人才市场对英语人才的需要已经由原来的纯英语人才转向精通法律英语、金融英语等复合型人才。IT 行业更是如此，由原来的单一 IT 人才转向更看重 IT ＋管理、IT ＋产品研发等复合型 IT 人才，单一型人才的地位眼看难保。

因此，要想保住自己的职位，并谋取进一步的晋升，必须多争取一些学习机会。

大势所趋，在不少单位的招聘广告中，"培训机会"已被写在了醒目的位置上。随着信息时代新知识的膨胀性扩展，企业管理者最终会意识到，企业内部人力资源必须通过不断的开发，企业员工所具有的知识与技能才能完成再生及再利用，否则这种"易耗型资源"将会随时消耗殆尽。在高薪之外，人们更渴望公司提供培训机会。某杂志表示，管理者必须与从业人员进行更有效的交流，提供使专业人员提高技能的机会以及由公司负担的学习进修机会。

事实上，在单位不能满足自己时，有心的白领们早已自掏腰包开始接受"再教育"。工商管理、计算机、财务、英语等都是比较热门的项目，这类培训更多意义上被当作一种"补品"。在以后的职场冲浪中，这些培训将化作各种资格证书，在求职或跳槽时增加跳槽者的"分量"，有时学历证书反倒排在了后面。

随着职场步入后学历时代，学历之外的"素质训练"将被用来证明你比别人更优秀。

增加你的学识，打造全新的自我。如果你想进一步提高自己的管理水平和工作技能，增加自己的学识，从而尽快达到职场精英的水平，参加一些培训是十分有必要的。但是，获得提高的最好方法未必是坐在教室里，接受老师"正规"的培训。那么，除了"正规"的培训之外，还有哪些方法可以提高技能、增加知识储备呢？

1. 独立式学习

独立式学习就是让学习者独立完成一项具有挑战性工作。听起来不像是培训，但是这种潜在的培训价值很快就会在员工的工作中显露出来。试想，在整个工作中，他必须合理地安排每一项工作。

步骤：在什么时间达到怎样的目标；决定采取哪种工作方式、哪种技能；当工作中遇到困难的时候，他得自己去想办法，拿出一些具有创造性的解决方案。这对于培养他独立思考和创造性的能力都是很有好处的。这种学习方式有利于促使学习者为了独立完成工作而主动去学习新的技能，迎接更大的挑战。

2. 贴身式学习

这种培训是安排学习者在一段时间内跟随"师傅"一起工作，观察"师傅"是如何工作的，并从中学到一些新技能。学习者如同"师傅"的影子，这就要求"师傅"必须有足够的、精湛的技能传授给这个"影子"，而且"师傅"还需要留出一定的时间来解决工作中遇到的问题，和随时回答"影子"提出的各种问题。这种培训方式在需要手工完成任务的领域较为常见，它不仅锻炼了员工的动手能力，提高了他们的观察能力，还增加了他们的学识。

3. 开放式学习

这种学习方法给接受培训的人以较大的选择空间，学习者可以自由地选择学习的时间和学习的内容。学习的内容根据工作需要可以是管理课程，也可以是计算机编程方面的知识，或者是他们感兴趣的、对他们在工作中有用的一些知识。他们可以到图书馆里去自修，还可以请公司的业务顾问帮忙。有的公司甚至要求学习者在一段时间内阅读一些与他们工作相关的书籍，然后在公司的例会上进行讲演。

4. 度假式学习

有些公司通常会允许或安排某些业务骨干每星期有一天或者半天不到公司上班，让他们到工商管理大学去学习短期培训课程，并希望他们学成后，能够将这些理论知识应用到工作中解决实际问题，这就是所谓的"度假式学习"。员工通常也会利用这个"假期"获得相应的资格证书。

5. 轮换式学习

在某些公司，我们通常会看到这样一种现象：一位经理前两年在公司的一个部门任职，而接下来的两年，却转到另一个部门任职，这就是所谓的"工作轮换"。它适用各种规模的公司，一般公司规定一两年内某些管理者的岗位就可以轮换一次。到那时，新的岗位，新的职位，新的员工，新的问题，一切从头开始，这样做有利于培养出全能人才。

第七章

知识出众，经常给自己充电

这是一个知识大爆炸的年代，也是一个能力恐慌的年代。一名员工想要发展自己，使自己上升到更高的层次，最好的办法就是经常给自己充电，让自己时刻都能呼吸到新鲜的空气。唯有如此，你的知识体系才不会过时，自我价值才能最大限度地得以实现。

知识是一双翅膀，带你飞上巅峰

这是一个知识大爆炸的年代，每个家庭都有书刊，并渐渐成了现代人生活的必需品。一个没有书籍、杂志、报纸的家庭，如同一间没有窗户的屋子。

知识改变命运，这句真理在现代社会得到了有力的印证。

李嘉诚先生是香港首富，最近又跻身世界十大富豪之列。在一次采访中，有记者问他如何掌控和管理他那巨大的"王国"，以及如何推动这个"王国"长久前进。李嘉诚先生掷地有声，一句话说完：依靠知识。他毫不犹豫地告诉年轻人：知识决定命运。

李老先生已是年逾古稀的老人，至今每天晚上睡觉前都要看书。当追问他前一天晚上看的是什么书时，他说，我昨天晚上看的是关于资讯科技前景研究的书，我相信这个行业的发展会非常快，未来两三年里，电影、电视都可以在小小的手提电话中显示出来。我喜欢科技、历史和哲学方面的书籍，对网络资讯也比较感兴趣。

那么，日理万机的他是如何安排自己的时间的呢？李老先生坦言：每天清早不到6点就起床了，打高尔夫球一个半小时；白天工作、开会；晚上睡觉前是铁定的看书时间。

无知永远是相对的，今天的大学生，也许明天就成了文盲。所以，那些有先见之明的人，从来没有停止过对新知识的追求。

或许你已经在学校里学了4年，或是获得了学位，但并不表示你已经完成了所有的教育。教育是必须持续进步的一个程序，你如果想在职场中做好每件事，就必须在一生之中使用各种方法不停地学习。

148

幸好,"知识是可以获取的东西,今天没有知识,明天会有。因此,我们需要不停地学习,再学习。"莎士比亚告诉我们："知识就是我们借以飞上天堂的羽翼。"

社会学家 W·罗伯特·华纳说过,美国的理想是建立在每个人都能"成功"这一信念上的,而一个人想要出人头地的主要方法就是教育。经营事业的人,必须利用人事考核、训练计划以及晋升规定,向员工提供各种升迁的机会。

事实上,许多公司都已编列预算,为他们的职员提供特别的训练计划;其他许多公司对那些具有进取心和创造力、利用自己的时间和金钱去接受特殊训练的职员,也常常会给予升职的奖励。

约翰·亨特是个木匠,他利用工作之余研究比较解剖学,每天晚上只睡 4 个小时,最终成为比较解剖学的权威学者;

忙碌的银行家约翰·拉伯克爵士,在休闲的时候努力研究,成为著名的史前学家;

乔治·史蒂芬森在夜间值班的时候努力研究,结果发明了火车头;

詹姆斯·瓦特一方面靠制造工具为生,另一方面研究化学和数学,后来发明了蒸汽机。

如果这些人都对现状感到满足,对于社会来说将会是一个巨大的损失;如果安于现状,只为领取薪水而不再学习,那么,在当今这个竞争激烈的社会中,这种人是不可能取得成功的。

其实,那些成功的人并非天生具有某种能力,他们同样需要学习技术,获取能够加强其才能的知识;即使有些人运气很好,以前就有了这些才能,但是为了跟上时代潮流、适应政府的新法规以及熟悉其对手所实施的新政策，仍需要继续研究与学习。

并不是每个人都能够坐上理想中的高职位，有些人必须在这个社会上做那些他不太想做的工作。但是，只要他愿意训练自己、培养更高的能力，他就不会永远停留在底层的工作上。

当然，整天工作而且要连续几年每个晚上都去上学，这不是一个轻松的计划，每个人都需要从家里得到所有他能够得到的激励，以支持自己，不致半途而废。人们常常会感到厌倦、失望，并且因为怀疑这些努力的价值而感到痛苦——这些努力也许看起来就像是在浪费时间。然而，只要你不断地丰富自己的学识，不停地向着目标前进。总有一天，你将站在别人无法企及的高度。

选择自我提升的捷径

这个世界上，从来不缺少有才华的穷人。很多青年才俊初出茅庐、意气风发，然而工作多年之后，在事业上却没有什么大的成就，干了很多年仍然是个普通的小职员，这究竟是什么原因？并不是他们的能力不够，而是没有找到自我提升的捷径。

职场中有很多有才华的年轻人，一生却只能做些平凡的工作。这是因为他们的天分虽然高，却没有受过系统的训练、培育，没有对自己的职业发展作深入的战略思考；他们从来不会意识到自己的进步，只会听从领导的安排，做好自己分内的事情，很少想到还可以再进一步。他们看到的只是每个月固定的薪水，以及领到薪水以后几天中的快乐时光，结果他的一生也就只能做一个微不足道的无名小卒罢了。

职场从来都不是平坦的大道，是有阶梯的，就像爬山一样，每个高度都有不同的风景。要想达到那个高度，领略上面的风景，就要不断地完善和充实自己，这一完善和充实的过程就是要不断寻找提高自身"功力"的方式和途径。找到正确的学习方式和途径，是提高自我水平的必要保证。

很多人之所以进步缓慢，是因为他们始终保持在同一个水平前进。他们把事业发展看成了一条平坦的大道，他们的技能知识太过单一。所以，他们在事业上一定会吃很大的亏：本来可以成为领导人的人，会因为没有受过相当的教育与训练，而不得不"受制"于人。如果他们想要再上升一步，就必须在多方面提升自己的能力。

美国拥有据称是世界上最大的公立学校系统，然而很多人并不珍惜——美国人在学校和图书馆里花不了多少钱。人类奇怪的地方之一，就是只珍惜有价的事物。也许正因为如此，很多人休学去工作，却发现有必要受点训练，这也是很多从业者会优先考虑、录用在家修过研读课程员工的原因之一。这些从业者从经验中得知，胸怀大志、愿意割舍闲暇、花时间在家读书的人，最终都会成为他们的领导者。而那些宁愿把时间花在玩乐上，从来不会拿起书本的人，即便参加工作很早，却很难爬上高位。

知识即是力量，你利用10分钟时间阅读一些书籍，在自修上下一番功夫，就可以帮助你在事业上获得一分进步。许多志在成功的人，在他们工作的早期，年薪很低，工作很辛苦，但他们却可以利用闲暇时间，自修、自习以求上进，往往比他们在白天工作时更加努力。在他们看来，薪水并不是最重要的，追求知识、掌握更多技能才是真正的大事。反过来说，能力提升上去了，薪水早晚也能提升上去。

随着网络技术的发展，现在的学习渠道越来越多，对需要接受专业教育的人士来说，打开电脑在家里就可以学到大多数新知识。在家修课的好处是课程有弹性，让自己可以在闲暇之余进行学习，并且从容安排自己的学习计划；对于需要专业知识的人士而言，这可真是无价之宝，不论你家居何处都能受益。在过去，知识付费、网络课程并没有那么发达的时候，夜校是最可靠且实在的知识来源。函授学校可以将专业训练材料送达邮政体系所及的任何地方，通过推广的方式教授所有科目。相比函授学校，现在的网络学习条件先进多了，然而很多人仍然没有意识到这一点，他们下了班之后却去打游戏。

互联网给了我们自我提升的捷径，我们却用来玩耍消遣，这真是一个巨大的讽刺。人性中有一种无可救药的弱点：得过且过、安于现状。只有克服这种弱点的人，才能真正获得进步。那些懂得规划闲暇、自己在家研读、进修的人士，很少会在基层久留。他们的行动开启了步步高升的坦途，一路上消除了许多障碍。正是因为他们自己的努力，自己的进步，才真正引起了有能力提携他们的人拉他们一把的兴趣。

在家研读的训练方式，尤其适合抽不出时间去上学，或离校后又发现自己有必要多吸收一些专业知识的人。斯托·卫尔原本想做一名机械工程师，并一直都在朝这个方向努力。但后来美国发生了经济大恐慌，很多工厂倒闭，机械工程师大量失业。他考虑过自己的能力，决定改行学习法律。于是他又重新回到学校，修习将来可以当律师的特别课程。完成训练之后，他通过司法考试，很快就顺利地执业了。

生活中有很多人都会找借口不去学习，例如：

"我还要养家糊口，我不能去上学。"

"我太老了。"

斯托·卫尔回学校上课的时候已年逾不惑，并且已经结婚生子。更令人惊讶的是，斯托·卫尔仔细挑选了法学最强的多所院校去修高度专业化的课程，大半法学系学生需要花上4年时间学习的课程，他只用2年就读完了。每个人都希望自己能以最快的速度成功晋升，但很少有人在刚刚步入社会的时候，就具有担任高层职务的能力。因此，我们必须一边工作，一边学习，同时不忘从经验和特殊训练之中学习。

人的一生都是受教育的时期，社会就是我们的大学，我们所遇见的人、所接触的事物、所得到的经验，都是人生大学中的教师。只要开放我们的耳目，那么在生活或工作中的每一分钟，我们都可以获取许多的知识；在空闲的时候，我们可以用"深思"的方法，将那些零碎的知识组织、整理起来。

一个人愈能储蓄则愈易致富；你愈能求知，则愈有知识，你能多储一分知识，就多丰富一分生命。这种零星的努力、细小的进益，日积月累，可以使你于日后大有作为，可以使你更为充实、丰满，可以使你更能应对人生。

有的人或许以为利用闲暇的时间来读书得不到多大的成绩，总不能与学校教育相提并论，因而不想在闲暇的时间读书。这无异于一个人因为自己收入不多，以为即使尽量储蓄也不能致富，所以一有金钱就尽数挥霍，不做一点储蓄。但是难道你就没有看见许多人，就是因为利用了零星的闲暇时间而取得了与学校教育相等的学识吗？

教育对于我们人生历程的重要性，并不仅限于今日。只是如今的生活竞争日趋激烈，生活情形日益复杂，所以你必须具有充分的学识，接受充分的教育、训练以作为你的甲胄。

获取知识的方式多种多样，大多数人的问题就在于一心希望在顷刻之间成就大事。其实，伟业是要渐渐成就的，你应该不断地努力读书、自修，不断地充实你的知识宝库。

充电是一笔伟大的"投资"

在被称为"后学历时代"的今天，充电其实就是一种"投资"行为。

为什么这么说呢？这是因为充电需要花费不菲的财力、精力和时间，而回报就是你竞争力的提高。所以说，充电绝不能盲目进行，更不能见什么学什么，一定事先要做好周密规划。如果把培训、充电比作一项投资，如何让有限的投入取得预期的回报，是值得职场中人关注的现实问题。

找准充电时机，适时提高专业技能。我们在学校里学的是基础学科，实用性不强。因此，缺乏专业背景和正规培训，往往成为你履历表中的一个弱项。应该尽快选择一个与从事职业相关的专业，赶紧补补课，以提升自己的专业技能和知识，提高职场竞争力。

随时刷新知识结构。知识的更新速度很快，职业生涯本身就是一个不断深造、不断积累、不断提升的过程。如果不学习，不接受新事物，不使用新近出现的知识、技能武装自己，当新技术普遍运用时，你就有可能被淘汰掉。职场中人，要想在日新月异的行业中求得发展，就必须主动及时地更新自己的知识结构，掌握最新的技能、技术，为自己职业的发展补充新鲜血液，做足随时前进的准备。

及时为转型做准备。"技多不压身"，在变化不断的职场中，很多人即使已成为高级主管的高端人才，也会有危机感。所以，充电是职场人的必然选择。理性的职场人，都会为自己的职业发展做切实可行的规划，而充电计划是职业规划中不可缺少的组成部分。在职场选择中站在十字路口徘徊的人，更应该通过及时充电，找到适合自己的职业、岗位，走出职场的困惑期，找到适合自己的方向。

做足充电规划，找准定位。保持敏感，时刻关注自己所处的行业对人员技能和需求的改变，这将决定学习方向。认真分析一下这个领域对所需人才有什么样的标准和要求，诸如学历、工作经验、专业背景等。与之相比，自己有哪些优势和劣势。想要得到发展，就要随时按市场的要求调整自己的目标和充电方向，才能在众多人才中脱颖而出。充电一定要选使自己价值得到提升的专业。要通过充电看到自己真正学到了什么东西，什么技能能使"自我增值"达到最大化。如果仅仅是为了一张文凭，这种充电的想法是不可取的，也是非常不理性的。

创造充电环境。尽管充电都选择在业余时间，但难保不会出现与工作相冲突的情况。要想顺利充电而无后顾之忧，做好上司和家人的工作也很重要。找机会与上司谈谈，使他明白你想充实自己但尽量不耽误工作，充电之前有过充分的沟通，一般能得到上司的理解和家人的鼎力支持。

选好"充电器"。如果你需要进入好企业的敲门砖，可以选择能获取文凭，让你改头换面的系统学习。选择这样的教育首先要弄清是谁在办学，他们有怎样的教学能保证你学到真东西，他们的证书或文凭在相应的领域中是怎样的位置，你拥有了这些文凭对你的职业发展是否大有好处。

如果你已经有一个满意的工作和职位，但危机感很强，可以选择短期培训。你的目的在于学到国际化的先进理念和技术，让你能适应全球化变化和竞争。应当特别注意的是，培训的师资和教学内容是否和国际接轨，是否有实际经验的人在教你。

毕业后想再获取高学历可以选择参加职研究生的学习，但绝大多数在职研究生班申请硕士学位首先需要学士学位。大专学历的人通过攻读可以获取结业证书，根据有关规定，在职研究生班的结业证书可在评定职称中使用。

如果大专毕业生想要直接攻读硕士学位，选择余地就很小了。目前，大专学历可以申请的硕士学位只有 MBA 专业。近一段时间，还出现了一批针对特色行业开办的研究生班，如：保险学、房地产投资、物业管理等研究方向的研究生班。同时，还有一些新兴领域研究方向的研究生班，如：网络传播、项目管理等。

如果你具备较丰富的资历，更适合你的是相应的国际资格认证。参加国际资格认证考试往往需要一定的职业培训并具备相应的报考资格。在备考的过程中，你就能在职业水准方面获得很大的提高。选择国际资格认证应看该课程是否具备国际先进性，特别是是否具有实用性。

如果你准备攻读海外学位，也有多种学习方式供你选择。为避免国外学习高额的费用，目前，已有一些国外知名院校将教学点开办在中国。学生在国内就可攻读专业课程，获得海外学位。

职场修炼之另类充电

如今，竞争愈来愈激烈，如何在竞争中占有一席之位？过去的那种靠关系已经站不稳脚跟了，现在只有自己才能改变自己的命运。怎样才能让自己的工作更上一层楼，让自己的状况有所改变，只有充电，充电，再充电。

目前，许多智者们纷纷放弃双休日的休息时间，到学校或有关培训机构进行充电学习，以提高自己的含金量。充电方式有多种，当我们还在乐此不疲地进行技能充电时，智者已经先行一步，开始参与多种另类充电，以提高个人素质及综合能力。

另类充电之一：训练口才

这是一个越来越注重"说"的时代：竞争职位、应聘面试、推销业务……都要有说服力。在国外，口才训练是企管界颇为流行的培训项目之一。在这样的形势下，口才培训也日益受到白领一族的追捧。

通过口才充电，可以提高自己的语言技巧，增强自己的表达能力，改善职场的人际关系。另外，口才充电还可以提高自己的演讲水平，以利于竞聘新职位，因为晋升到了更高的管理层面，需要学习与上下级更好地交流沟通的技巧；业务员可以提高业务水平和竞争力；"老板级"人物可以为自己树立更好的领导形象。

40岁的李女士是单位的中层领导，由于自身的性格问题，在口头表达上总是有些欠缺。在一次单位总结发言上，她一上台由于紧张过度完全忘词了，因此丧失了一次升职的大好机会。当听说有口才培训班时，她便毫不犹豫地报名了。第一次培训老师叫她上台演讲时，李女士在台上结结巴巴，手足无措。在培训过程中，培训老师不仅通过声音训练、目光训练、肢体语言这些基本功练习课程，让她学会说话技巧，还在心理上给予她指导。李女士通过模拟各种场景，如开会、演讲、晚会等，亲临其境，突破自己的心理障碍，有效地进行训练。经过半年的培训，如今李女士上台已表现自如许多，她对自己的职业前景也充满了信心。

只会做不会说在当今社会已吃不开，21 世纪的优秀人才需要三大战略武器：知识、电脑和口才！改善口才其实就是在改变一个人的思维模式，是在为其职业发展充电。"投资口才等于投资未来""要想成才先练口才"，这已经成为职场中的流行口号。

另类充电之二：修养充电，追求个性

由于广泛而日益频繁的社会活动，都市新女性不再满足于吃、穿等物质享受，她们摆脱过去那种相夫教子的旧主妇观念，更加注意个性和修养。于是，一种新的时尚开始蔓延，学舞蹈，学钢琴，学插花，学绘画……白领们正悄悄为自己的修养充电。

培养和塑造良好的个人气质和仪态；追求心灵上的完全放松和心境的彻底改变；为自己的职业发展锦上添花。

肖晓，34 岁，她自己也没想到，业余的充电竟使她顺利地连跳三级。肖晓在行政管理学院文秘专业毕业后应聘到一家合资公司做文员。平时下班后回到家中除了看看书外，似乎没什么好做的事。于是从小对舞蹈有极高兴趣的她，便把精力转移到舞蹈上，拿出自己大半个月的薪水参加了某俱乐部的舞蹈班学跳国标。肖晓每周去上两次课，无论刮风还是下雨，肖晓从不耽误。通过几个月的学习，

肖晓渐渐地入了门，成为俱乐部国标队的一员。在一次公司的晚会中，肖晓一支标准的国标舞引起了公司高层领导的注目。在有关领导了解到她不但舞跳得好，业务能力也很强时，又把她从文员调去做某部门经理助理，一年后，肖晓顺利当上了部门经理。

只会自己的专业，无其他特长爱好，在现代社会绝对是吃不开的。修养充电虽然没有像技能充电那么直接，但对个人素质及综合能力却起到潜移默化的作用。修养充电的目的并不都是功利的，更多的是使业余生活丰富起来，并能从中得到对生活的启迪和乐趣。

另类充电之三：辞职充电，蓄力待发

一些高级白领都是通过激烈的竞争才获得一份好工作、丰厚的收入，因此危机感时刻围绕着他们。所以，当他们工作了几年，拥有了一定的经济基础后，就想到要去继续充电。

万莉原为某医药公司销售经理。"把拳头收回来，以积累更大的力量再次出击。"万莉这样解释她辞职的原因，而且她确实觉得累了，需要好好调养一下。目前，她在攻读 MBA。正在事业发展前景看好的时候，她放弃了优厚的待遇、良好的事业基础，这一举动令周围许多人费解。而万莉却说，在职场打拼了十几年，自己一直是勇往直前的，现在是停下来调整自我的时候了。对于今后的工作，万莉并不担心，她认为自己选择辞职就是因为有这份自信，而且不断学习新知识是让自己处于职场优势的最佳途径。

不难看出，有不少人为了避免工作的"干扰"，他们甚至主动放弃现有的一切，自愿辞职，全力充电，也借机调整一下心态和人生坐标，以便日后更好地回归职场。

小心掉进"充电误区"

我们已经知道，在今天的职场上，只有时时"充电"、日日进步，才能让自己保持竞争力。然而，对每个职场中人来说，每个人的发展目标不同，每个人都处在不同的职业生涯发展阶段，如何"充电"还得细细思量。一不小心，就会掉进"充电"的误区，好事反成了坏事。

一般来说，职场人的"充电"大致分为两类。一类是提高个人的效能，譬如时间管理、沟通技巧、团队合作能力的培训等，这类培训是长期的、持续的，也是通用的，在职业生涯的各个阶段都需要，这类培训通常是由公司为员工统一安排；另外一类则是专业方面的培训，如学习新的管理方法、技术等，这类培训通常是个人为提高自己的专业水准或业务能力而进行，因而一般也是由个人自己制定方案。前一种培训可以说是锦上添花，而后一类培训通常与所从事的行业、职业有更加密切的关系，如果把握不好方向，就可能陷入误区，反而不利于职业发展。

职场中人在"充电"时要注意两大禁忌：

1."多一个证书没坏处"

很多人都有这样的想法，就是"多一个证书没坏处"。所以市场上流行什么，什么证书最吃香，他就学什么，拿了一大堆的证书，似乎是什么都能干，竞争力也增强了。

"多一个证书没坏处"这种想法的表现，就是不管自己需不需要，先学完拿了证书再说。这样的"充电"对个人来说不仅是金钱和时间上的损失，更关键的是很容易把自己的职业观念引入歧路。首先，有一大堆不成体系的证书之后，就会觉得自己是个"通才"了，什么都能干，但自己到底最擅长什么，干哪一行最好呢？自己也很迷茫。更进一步来说，如果因为自己拿了某张证书就去从事某一方面的工作，而不去管它是否真的适合自己，那损失的就是自己职业生涯的好几年时间。其次，去求职的时候，用人单位看到你的一大堆证书也会很迷茫。用人单位据此可能会认为，你缺乏明确的职业规划，没有选择能力，反而对求职不利。

2. 在错误的时间点进行"充电"

"充电"的方向是对的，可是却在一个错误的时间点上来进行，结果同样是事倍功半，这也是人们常犯的毛病。

比如你想朝管理方面发展，"进补"企业管理知识的大方向是对的，关键是选择的"充电"计划在时间上得恰当。对于你来说，不如等自己工作五六年后，工作经验相对丰富，职位也有了提升，而且职业发展的方向更加明确时，再读个 MBA 学位，这样对自己的发展更有好处。虽然现在读也能学到一点东西，对自己今后的发展有所帮助，但 MBA 证书的优势发挥空间不大。更何况，拿了 MBA 证书，以后的职业发展恐怕就限制在管理这条路上了，因为花了这么大的成本，谁也不想没有收获。

从另一方面来说，合适的"充电"，选在不合适的时机，也是一个误区，这不仅增加了投资成本，还浪费了时间，本来这段时间可以用在"刀刃"上的。这里的时间阶段，主要指的是一个人职业发展的特定时间阶段。在不同的阶段，根据自己职业发展的状况、专业水平、工作能力以及今后一段时间职业发展的目标，来选择恰当的培训，这才是上策。

对此，我们有四点忠告：

第一，职场生涯没有一通到底的 passport（通行证），充电是必须的。曾有人说，21 世纪就业的三大基本技能是外语、电脑和开车。也许说得"邪乎"了点，但不可否认的是，如果这三样技能你样样精通，那就是好工作找你多一些而不是你忙着去找好工作。不难看出，大街小巷的电脑、外语进修班个个都火，驾校报名都困难。

第二，不断追求更高目标：只有大学本科的学历，最多再撑三五年，以后估计连研究生都是"堆儿撮"的了。也许，到那时你的大本文凭只相当于现在的中专，天哪，你不害怕吗？所以，有时间还是读个研究生、博士、MBA 什么的，心里也踏实。

第三，充电不盲目：不要看见别人报班就跟着起哄，最好选择有实用价值、有针对性地去学习。

第四，充电是随时随地都可以的，读一本书、与同事探讨问题都是充电的过程。

保持高度的竞争意识

正所谓狭路相逢勇者胜，强烈的竞争意识可以助你一臂之力！生活中令人瞩目的风云人物，哪一个不是在竞争中披荆斩棘，从一个胜利走向另一个胜利的呢？

比尔·盖茨具有赛车手的竞争心态；新闻电视网之父特德·特纳是"一个百折不挠的竞争者"；索尼公司的创始人盛田昭夫说："尽管竞争有一些较为黑暗的东西，但在我看来，它是工业和工业技术发展的关键。"可见，竞争意识对于成就事业有多么重要。

优秀的政治家、企业家和军事家，都具有强烈的竞争意识，心理学研究证实，企业家的竞争意识要更强烈一些，无论是在工作中还是在游戏时，他们都热衷于竞争。托马斯·莫纳在自传中写道："我决心获胜，决心使我们公司的业绩更上一层楼并击败竞争对手。"

托马斯·莫纳的一生可以用竞争两字概括，他曾这样描述他的童年生活："我玩拼图玩具最出色，打乒乓球最出色，扔石头弹子最出色。在每一项集体运动中，我都是出类拔萃的。"事实上，这类卓越的企业家，在工作中表现出来的竞争心理和他在游戏中的心理是一样的。他们敢于冒险，从而成就了他人无法企及的事业。

莫纳的竞争意识决定了他具有冒险和创新的品质。和小时候一样，他以极大的热情投入未知的世界里，并且不计后果。20世纪60年代末他驾驶私人飞机的经历，便是他冒险性格的佐证。当时是这样的，为了视察特许经销商的工作，不把时间浪费在连锁店之间来回穿梭，他买了一架"塞斯纳172"型自用飞机，接下来就开始学习如何驾驶它。

不久，他就拿到了飞行员执照，此时他便有了一个大胆的决定：从底特律穿过阿巴拉契亚山脉前往佛蒙特州。出发之前，他在加油站买了一张公路交通图，作为他唯一的导航工具。除此之外，他没做任何飞行计划，在前往机场的路上他想：万一迷路的话，可以沿着公路飞行。但这次飞行并不顺利，后来莫纳回忆说："我使飞机滑行到救护车和消防车附近停了下来，他们正等着收拾飞机残骸。"当时，到了布法罗上空，天气大变，能见度为零，他发现自己陷入了困境，不得不用无线电向地面求救。空中交通控制中心通过无线电告诉莫纳如何降低高度，如何穿过云层，如何进行紧急着陆。最后，这位天才企业家终于有惊无险地降落到了地面。

这种竞争意识也表现在他的事业上，莫纳创造的财富是有目共睹的。他以简单有效率的核心企业理念，创立了世界上最大的比萨饼外卖公司。他拒绝出售三明治或任何其他产品，以防止店铺的经理分心，保证实现用最快时间送出最美味比萨饼的主要目标。得到的结果是，这个策略使他成为美国的大富豪，并在世界上享有盛誉。

1989 年，莫纳的事业达到了一个顶峰，他计划卖掉多米诺比萨饼公司，从事慈善事业。但最终这个想法没有实现，他不得不把这家公司经营下去，并声称"重新参加比萨饼大战"。他说："生活和工作的真正要旨是参与超越他人的长期战斗……可在我看来，除非你严格地按照规则行事。否则，即使在企业经营上获得成就也毫无意义。"由此可见，莫纳是多么的喜欢竞争，他把工作和生活都视为一种竞争游戏。

在"重新参加比萨饼大战"的过程中，他不干则已，干就干出个样子。他克服了随之而来的重重困难，终于实现了在 30 分钟之内送货上门的目标，该公司以每天送 50 万个比萨饼而成为世界上最大的比萨饼外卖公司。他有失败的一切理由，却取得了巨大的成功，他拥有多米诺比萨饼公司 97% 的股份，成为超一流的企业家。他相信自己，相信他人，相信上帝，也相信快速送货上门。他的成功源于勇于竞争、善于竞争的结果，源于对自己的梦想孜孜不倦的追求。

天才企业家和卓越的领导者的竞争意识虽是与生俱来的，但如果他们不注重在后天的奋斗中继续保持，那就不会产生这样巨大的成果。没有天生的强者，我们每一个普通人要想完成自己的梦想也要培养竞争意识。

需要注意的是，首先要相信自己，相信弱者不败，不要因为自身弱小而不敢与人竞争，弱者有自己生存的方式，要勇于面对一切困难和挑战，在竞争中成为强者。其次要乐于竞争，不断在竞争中完善自己。不要在事业上小有成就后就满足现状、停滞不前，不再有前进的动力。要知道，一个真正的强者，永远没有终极目标，他们的眼光永远放在下一次挑战中，并能够从竞争中感受到极大的乐趣。

全力以赴，做到最棒

在竞争激烈的职场中，有两种人终究会败下阵来：有人做过统计，在 NBA，包括众多的团队，都会淘汰最后面 10％ 的人。你如果不想成为最后面的 10％，不想被淘汰，就要全力以赴地投入工作，做到最棒。

因此，在属于你的职场中，你必须勤学苦练，不断地壮大你的核心竞争实力。这样，不论你遇到何等的高手，你都会显得身手不凡。如果你在一个高手云集的公司工作，可能面临的最大问题就是你如何比他们更抢手，更能得到上司的重用！

那么，怎样才能在职场中拥有更强的竞争力？怎样才能摆脱被淘汰的命运呢？其实，我们在大自然中就可以找到答案。

每天太阳初升时，非洲大草原上的动物们就都开始奔跑了。

每到此时，狮子妈妈就会不断地鼓励自己的孩子：

"孩子们，看到远处的羚羊群了吗？你们必须跑得快一点，再快一点，直到能超过跑得最慢的羚羊，你们才能保证自己不会挨饿。"

而在另外一片草场上，羚羊妈妈也在教育自己的孩子：

"孩子们，你们必须跑得快一点，再快一点，如果你们不能跑得比最快的狮子还要快，那你们就肯定会被他们吃掉。"

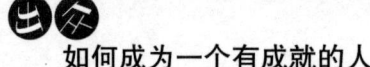
我们在出生时，每个人都是一样的，但随着环境的变化，有的人成了狮子，而有的人则成了羚羊。

但无论你是一头狮子，还是一只羚羊，要想获得生存的权利，就需要不断地加快自己的奔跑速度。只有加快速度，跑在最前面，才能立于不败之地。

自身的实力是你唯一可以放心依靠的靠山，有的职场中人总希望利用一些个人的技巧得到自己想要的东西。其实，即使得到了，也一定不会给他带来真正的快乐。因为真正的快乐来自你对自己的认可，而不是来自别人的。要想在职场中取得成功，你必须不断提高自己的能力，一切都必须是真实的付出，免费的午餐不会常有。

比利时有一出著名的基督受难舞台剧，演员辛齐格几年如一日在剧中扮演受难的耶稣，他高超的演技与忘我的境界常常让观众不觉得是在看演出，似乎真的看到了再生的耶稣。一天，一对远道而来的夫妇，在演出结束之后来到后台，他们想见见扮演耶稣的演员辛齐格，并合影留念。合影之后，丈夫回头看见了靠在旁边的巨大的木头十字架，这正是辛齐格在舞台上背负的那个道具。

丈夫一时兴起，对一旁的妻子说："你帮我照一张我背负十字架的相吧。"

于是，他走过去，想把十字架拿起来放到自己背上去，但他用尽全力，十字架仍纹丝未动，这时他才发现那个十字架根本不是道具，而是一个真正的用橡木做成的沉重的十字架。

在使尽了全力之后，那位先生不得不气喘吁吁地放弃了。

他站起身，一边抹去额头的汗水一边对辛齐格说："道具不是假的吗，你为什么要每天都扛着这么重的东西演出呢？"

辛齐格说："如果感觉不到十字架的重量，我就演不好这个角色。

在舞台上扮演耶稣是我的职业，和道具没有关系。"

这是一句发人深省的话：职场上没有道具。当然，你应该对自己的能力有一个清晰的认识，这样才可以有目的的加强。正确评价自己的能力，往往能将一切潜能都激发出来，达到最佳状态。认识到自己的优势和不足，你的行动、感觉、信念才会往好的方面发展，让你成为一个更出色、更抢手的职场人。

其实要想具有高人一筹的核心竞争力，你就要拥有理想的工作，并在工作中获得竞争力，而这些都要从正确地评价自己开始。

在投身于某项事业前，你要了解自己优于别人的地方，这样你才敢于对自己提出更高的要求，创造出令人惊叹的成绩。身高160厘米的博格斯，在旁人看来是难以胜任篮球运动的，但是他相信自己可以创造奇迹，因为他知道自己的优势，那就是超常的毅力和对篮球的热情。

博格斯小的时候几乎天天都和同伴在篮球场上玩，当时他就梦想有一天可以去打 NBA，因为 NBA 的球员不只待遇高，也享有令人自豪的社会地位，更是所有爱打篮球的美国少年最向往的梦。

每次博格斯告诉同伴："我长大后要去 NBA。"所有听到的人都忍不住哈哈大笑，甚至有人笑倒在地上，因为他们认定这个矮个子是绝没有可能打入 NBA 的。

他们的嘲笑并没有影响博格斯打篮球的自信。他充分利用自己矮小的"优势"，行动灵活迅速，像一颗子弹一样，运球的重心最低，不会失误；个子小不引人注意，投球常常得手。他用比一般人多几倍的时间练球，终于成为全能的篮球运动员，也成为最佳的控球后卫。

博格斯不仅是 NBA 里最矮的球员，也曾是 NBA 表现最杰出、失误最少的后卫，不仅控球一流，远投精准，甚至在高个子堆里带

球上篮也毫无所惧。

博格斯像一只小黄蜂一样，满场飞奔，他不只安慰了那些身材矮小的篮球爱好者的心灵，也鼓舞了所有观看他打球的观众的斗志。

博格斯成为有名的球星了，他说："从前听说我要打进 NBA 而笑倒在地上的同伴，现在常炫耀地对人说：'我小时候是和黄蜂队的博格斯一起打球的。'"

正确评价自己的能力，挖掘并强化自己的优势，能使你潇洒自如地直面人生的挫折和困难，以艰苦卓绝的奋斗改变自己的命运，顺利通过危机的考验。另外，通过正确评价自己，你能够及时发现自己的缺点和弱势，从而有效预防或避免危机。有许多失败者其实拥有很强的能力，但他们没有学会在工作或是生活中尽量避免弱点的干扰，这也是导致他们失败的最主要原因。

在正确评价自己的基础上，你需要做的是：做自己擅长的事，努力成为行业内的专家。在使自己的强项更强的同时，你应该通过学习弥补自己的不足，尽量地降低你的弱项所带来的负面影响。你还必须像老板一样思考，把公司当成自己的事业来工作。

比你的对手快半步

无论任何比赛，冠军只有一个。因此，我们在竞争中，一定要有领先意识。职场中的竞争就像篮球比赛一样，往往也是速度的竞争。许多名列全球 500 强的企业，推崇一个关键的理念，就是要领先对手半步。

一支球队只有领先，才能夺得冠军；一个企业，只有领先，才能取得成功；一个员工，只有领先，才能拿到高薪。企业员工要培养这种始终领先对手半步或一步的意识与能力，只有每一个员工都坚持这一理念，每一步都坚持这样做，整个团队和企业才能真正保持业界第一，成为所在领域的龙头。

NBA比赛特别强调领先对手，强调执行速度。乔丹的一个过人之处，就是具有惊人的速度，100米成绩是10秒5；他的动作往往比对手领先一步甚至几步，搞得他们手足无措。

美国邮政服务公司、美国包裹邮递服务公司、埃默里全球邮递公司都曾经问过他们的客户这样一个问题：

"如果我们提供快递服务，你们愿意多付一点费用吗？"

"不愿意！"回答异口同声，"我们不愿为快递多付费用。哪怕1美分！"

三家公司都放弃了这一努力，只有美国联邦快递公司的总裁弗雷德·史密斯不相信这一点，他认为这项革新一定要付诸实施，而且要通过联邦快递公司来证明这一点。

作为全球500强企业的联邦快递公司，始终坚持领先对手一步的理念。公司刚成立时，几乎无法生存，正是由于一群有共同梦想的人，坚持为他们的服务建立一种需求欲望，联邦快递公司才能够坚持下来，并不断发展壮大。他们扩展服务项目，将他们在全美及全球快递时间定为最多两天。他们不仅仅建立了一种市场需求渴望，而且还最先将这种理念引进了市场。它之所以保持住了在该行业的唯一性，正是靠最先迈出第一步并一直在竞争中处于领先地位。

下面这个故事更进一步的说明了只有站在风口浪尖才能步步为营的竞争法则。你会发现，有时，企业领导人的制胜法宝也会是领先的技术或是市场的先机，完成那些似乎不可能达成的业绩目标。

20世纪80年代末，专注于计算机硬件技术开发和营销的巴克特·贝尔公司发现，那些在办公室上班使用计算机的人，在家里也开始使用计算机，这部分人数虽少，但数量却日益增加。他们还发现了父母买计算机给孩子们用这样一种趋势。

贝尔公司那些细心的员工还发现，只有苹果计算机公司在开发家用计算机市场，而苹果机的价格却远远高于国际商业机器公司(IBM)的兼容机。他们还发现，大多数家用计算机主要是由专业化的计算机商店售出的，而这样的商店则与一般家用计算机的购买者关系密切。

贝尔公司的员工们说："家用计算机还处在早期发展阶段，我们要是能生产出一系列价格合理、使用方便的家用计算机并在顾客习惯购物的商店销售，我们就能战胜IBM公司、苹果公司和康柏电脑公司，因为这几家公司没有一家以这种方式积极开发家用计算机市场。而价格的因素是必须首先考虑的。"

贝尔公司立即行动，调动一切资源和最新的技术，开发出了一系列价格合理且技术一流的家用计算机。这种计算机一学就会。他们是第一家销售带操作系统和其他关键应用软件的个人计算机公司，第一家提供免费电话查询的公司，这样做可省去消费者不少麻烦和费用。

贝尔公司同时与西尔斯、沃尔玛等五家主要零售商建立起了极为亲密的合作关系，使这些大零售商成为计算机行业中他们的合伙人。他们开创了零售店内展览和操作使用表演的先例，并培训零售商的推销人员。为了便于他们在当地的刊物上做广告，贝尔公司还给零售商合作广告费，从而向这些零售商表明，怎样才能在销售计算机的工作中做得更好。贝尔公司的协作工作成绩斐然，获得了三家公司颁发的年度供货商奖。

在经济缓慢增长的年代，赢家往往是那些不断寻找并积极投身于具有良好发展前景的公司。不仅如此，赢家还必须是那些在每一个涉及的领域，都能够成为市场第一或第二的业界领导者。这样的业界领导者往往具有全球市场上最低的生产成本，最敏捷的制造流程，并提供质量最优的产品或服务。

对于每一个职场中人来说，道理也是一样。只有比别人跑得快一点，再快一点，才能拥有更强的竞争力，才能更好地生存和发展。记住，冠军只有一个，要想成功晋升，必须比你的对手快半步。

迷失是觉醒的开始

人不可以太自卑，否则，就无法塑造一个强大的自己；一个人如果总是拿别人的长处去对比自己的短处，就会对自己失去信心。其实每个人都是独一无二的，聪明的人总会在不断的反思中超越自己。事实上，我们最难超越的是自己而不是别人，这是因为我们无法成为他人，只能成为自己。在一段相当长的时间内，我们都将让自己迷失在羡慕、模仿他人的怪圈中，然而，也恰恰是这些迷失让我们重新塑造了一个更强大的自己。

相信许多人都看过一部曾经很流行的电视剧《丑女无敌》，当中的女主角林无敌没有美丽的容颜，取而代之的是钢丝头、大龅牙、铁牙套、臃肿的身材、邋遢的穿戴，她的外貌不仅有点影响公司形象，甚至还有点"影响市容"。

虽然她很丑，但她并没有丑到惨不忍睹的地步，可在我们身边，像林无敌这样的人恐怕不在少数。有所不同的是，她不但没有因自己丑陋的外貌而自卑，更没有自暴自弃。如果她稍有一点与其他女士比美的攀比动机，她无疑会败得惨不忍睹。

人们对她都感到好奇，她是如何从一个小小职员，晋升到一个令所有都可望而不可即的位置上的？这大大吸引了许多职场打拼一族的眼球，同时还引发一场关于"职场丑女，缘何能无敌？"的大讨论。

尽管结果十分出人意料，让许多人都大跌眼镜，但一切好像顺理成章、水到渠成，好像如果她没有坐到那个位置就不合常理、不近人情。尽管纷至沓来的赞许也让她感到压力，但我们却并不觉得她被工作压得头昏目眩、气喘吁吁。

这时，我们一定产生了强烈的好奇心，同时又感到十分疑惑，甚至还会不停地问自己，她到底走了什么捷径，又用了什么绝招。那么下面我们不妨对其求职经历进行一个全面剖析，看她身上究竟有什么鲜为人知的看家本领。

林无敌毕业于某重点大学金融专业，尽管她对金融与企业治理方面十分熟悉，但却因外形不堪，穿着老土，而在职场中屡屡碰壁。但与其他人不同的是，她虽然屡屡失败，但并没有灰心丧气，而是越挫越勇，在被用人单位拒绝了 17 次后，终于在第 18 次获得了工作机会。

就职于美女如云的广告公司，她的生存之道，就是扬长避短，以聪明与忠诚赢得老总信任。在公司面临危机时，她总是可以挺身而出，解决了一个又一个难题。终于，丑小鸭在竞争激烈的职场中完成了到"白天鹅"的蜕变。

这个故事看完了，那么大家仔细想想现实中的我们又是怎样做的呢？我们是不是常常因技不如人而感到自惭形秽，因为没有良好的家庭背景而抱怨父母？我们总是在无意中将自己放在了一个低人一等的位置上，然后独自黯然神伤。

我们无法将与人攀比的本性从内心完全清除，我们能做到的只是在与人攀比时不要一味地否定自己，而将自己贬得一无是处。并且，一旦自卑过分，我们会很容易将自己所具有的巨大潜能忽略掉。我们自认为处处不如别人，而一旦我们真正觉醒，就会发现，其实很多事情并不是自己想象的那样。

很多时候我们不是没有进取心，也不会去虚度光阴、玩物丧志，我们只是缺乏自我觉醒。其实在我们追求梦想的过程中，挫折不断，遇到困难也是常有的事，这个时候，我们的态度将决定自己会以一种怎样的心态去面对它们。

面对困难时最好的方法是自我反思，而不是让自己深陷消极、自卑的泥潭中叫苦不迭。很多时候，我们之所以会感觉到自己停滞不前，就是因为这种错误的思维方法。如果一个人已经不再看好自己，那么他将来就会无所作为了。

谁都想变得强大，当然强大不一定是指拥有多少财富，其实这种强大是一种不愿让自己浪费时间，碌碌无为地过一辈子的心态。我们都是从崎岖中一步步走来，在经历各种挫折后才发现，我们真正难以超越的不是外在的许多磨难与阻碍，而是我们自己的态度、观念。

怎样才能让自己变得更加强大呢？先要确立一个观念，就是我们不可能成为别人，只能成为最好的自己。

如果你想方设法来证实自己的能力不行、水平有限、背景不够，那么你就无法激发出自己内在的潜能。如果你仍然无法走出自卑的阴影，对自己顾虑重重，那你就很难将蕴藏在自己身体中的潜能激发出来。

可是，我们并不能就此让自己误入迷途。人生没有坦途，那些最终拥有灿烂人生的人也都是从迷途中走过的。这些人不仅不会憎恨自己过往的经历，而且还会对其充满感激之情。因为他们在迷失中懂得了反思，学会了怎样清楚地看待自己。

其实他们也有过自卑的经历，也曾觉得自己一无是处，有时甚至放弃了进步的愿望，和对未来的期待。此时，前面是高山，后面是绝路，在走投无路的时候，他们终于爆发了，开始挖掘自己的潜能，以奋力一搏。

就是因为这奋力的一搏，才让他们看到了自己的另一面。其实一切并不是自己想象中的那个样子，是不正确的方式和观念把自己逼到了无路可退的境地。当他们觉醒后，发现自己原来有如此大的潜能被埋没了。于是他们下定决心，开始从自己身上获取能量，并对自己深信不疑。

要始终对那段迷失的路心存感激，只有经历过后，我们才会慢慢变得强大起来。当一个人开始从自己的内心寻求解决方法时，那他距离真正的强大就不远了。而且也只有走出那些误区，才会使我们坚信，只有做真实的自己，才能让自己强大起来。

所谓成长，就是不断超越自己

每个人都有个美好的愿望，每个人都想超过别人，每个人都想成为天下第一，可是这个理想能实现吗？如果你把这个作为人生目标，显然是在做一个遥不可及的、荒诞乖张的白日梦。事实上，我们所能掌握的只有我们自己，现实中我们能做到的就是超越自己，我们可以让今天的自己比昨天做得更好，让自己的明天比今天更好。因此，自我超越对每一个人来说都是最重要的。

我们总是很轻易地在职位、地位、能力、财富、知识，乃至生活中的其他各个方面拿别人做自己的参照目标，但却很少去比较自己的过去、现在、将来。到底谁才是我们想要超越的对象？是别人还是自己？的确，我们需要榜样，但是，我们真的能成为他们吗？

都说，榜样的力量是无穷的，我们也总是梦想着某一天能和他们一样。为什么我们总是把别人作为自己的超越目标呢？是因为我们以为他们比自己更加完美，更加令人羡慕。因此我们愿意花费更多时间和精力去向他们靠拢。

俗话说，一山更比一山高。我们千方百计地追寻别人身下的影子，想从他们身上获得更强大的动力以及更旺盛的力量，但是当你真正达到甚至超越那个人时，你会发现一切并不是你想象中的样子。

对于电视连续剧《李小龙传奇》，大家耳熟能详。其实，导演李文歧最初是想让甄子丹来出演李小龙这个角色的，他演功夫片是家喻户晓的，这样也更容易引起媒体关注。然而，李文歧导演最后却放弃了这个计划，理由是甄子丹就是甄子丹，永远不是李小龙。试想，如果将李小龙演成了甄子丹，那么这部电视剧的价值何在？它的影响力必将大打折扣。

而陈国坤的出现让导演立刻下了决定：就让他扮演李小龙。陈国坤何许人也？陈国坤，人称"小龙"，原本是特约演员，经朋友先容介绍认识了周星驰，并于2000年担任周星驰主演影片《少林足球》的排舞师，此后因貌似李小龙而被周星驰欣赏，进而安排他饰演《少林足球》里的主要角色，从此成为星辉旗下的全职演员。他出演的影片还有，2002年由美国哥伦比亚公司投资，徐克导演监制的片子《千年僵尸王》，2004年《功夫》中的反派大佬更让人印象深刻。

陈国坤的外形及精湛的演技令观众们面前一亮，仿佛那个已经离开我们30多年的李小龙又出现在了荧幕上。他把李小龙演得活灵活现，一切犹如真人再现，就如同唐国强出演的毛泽东。这是导演的成功，是这部电视剧的成功，更是陈国坤的成功。

甄子丹把陈真演活了，于是他成就了自己；陈国坤把李小龙演活了，他也成就了一个从未发现过的自己。不管是要成为一名优秀的演员还是其他，我们都不要迷失方向、迷失自己，而要把握好时机，成就自己。

一项研究指出，每个人心目中都存在两个自己，一个是现实中的自己，另一个是理想状态中的自己。这样，我们的人生使命不就是让现实中的自己突破实际存在的种种束缚，逐渐完善自己，进而最终成为理想中的自己吗？

在我们一步步与理想中的自己靠近时，即使遇到各种挫折与难题，我们依然会感受到生命的价值和意义。没有比努力成为理想中的自己更有意义的事情了，但这一切必须在努力实现自我超越的过程中完成。

在现代社会中，我们很容易让自己迷失在物质世界里，而且我们又特别在意别人对自己的评价。利益会让我们的判定发生改变，别人的言论会让我们的选择摇摆不定。所以，我们很容易使自己迷失在物质和世俗当中。

最重要的是要自我超越，但我们最终要超越的是什么？人生若是一条线段，现实和理想就像是线段的此端和彼端，现实中的自己在此端，而理想中的自己在遥远的彼端。我们如何才能从此端走到彼端呢？

事实上，我们总是背负着现实生活中的各种沉重包袱，比如物质利益、世俗观念、消极心态、不良习惯、错误认知等，只有及时把这些紧紧束缚着我们的包袱一件一件地卸掉时，理想中的自己才会早日成为现实。

第八章

成为领导者，让自己出类拔萃

这个世界上只有两种人，一种是领导者，另一种是追随者。领导者之所以能成为领导者，是因为他们能树立积极的心态，并利用这种心态去影响其他的团队成员。领导者不是天生的，也和他的地位高低无关，只和他内在的素质和外在的魅力有关。

仅有才干是不够的

才干是一个人获得成绩的基本条件，是追求成功的基础。但是，要想取得成绩、获得成功，还有与才干同样重要甚至比才干更重要的因素——心态。才干可以成为创造成绩的"英雄"，也可能不会产生任何价值，甚至可能会制造麻烦，关键就在于人们以怎样的心态去发挥它、利用它。因此，只有树立正确的心态，才能保证你最终获得预期的成绩。

不论你是一个团队的领导者，还是一名普通成员，你和整个团队其他成员的心态都将影响团队的整体业绩。

几年前，美国的一所大学有一支成绩不错的篮球队，但是他们的队伍在新赛季开始后相继出现了很多问题。这支球队由两部分队员组成，一部分是高年级队员，另一部分是从低年级中选拔出来的优秀队员。其中，托马斯和布莱特是从低年级中选拔出来的，托马斯在抢篮板球时表现突出，而布莱特则是最佳的得分后卫。这两人坚持认为，上场的表现应该由个人的能力来决定，因此他们当之无愧地应该成为球队主力。而队伍中的高年级成员则表示，他们二人在上赛季时还是新成员，那时仅仅是替补队员。按照惯例，不管他们能力有多强，都应该仍然先做替补，由高年级球员担任球队主力。

随着双方对主力队员人选争夺战的不断升级，最后变成了高年级球员和低年级球员的一场大纷争，本来一支战斗力很强的队伍变成了两股对立的势力。日常的分组训练变成了高年级球员和低年级球员的相互对抗。更为严重的是，在与别的球队进行重要比赛时，高年级的球员故意不传球给低年级的球员，低年级的球员也不愿传球给高年级的球员。后来，低年级的球员干脆拒绝和高年级的球员在球场上合作，教练迫不得已，只好把一支球队分成两个"战斗小分队"分别进行训练。最后的结果可想而知，这支曾经在学校里名声不错的球队战斗力日趋衰弱，比赛成绩直线下降。当整个赛季结束时，他们的总成绩已经由以前的冠军沦为了倒数第二名。

上面这支球队从强盛到衰败，起因只不过是一些队员心态的改变。低年级组的两大主力本该是促成团队胜利的关键所在，却导致了糟糕的结果。

这就是消极心态的威力，它可以让一个实力强大、成绩优异的团队快速地衰败，甚至毁灭。可见，一个人、一个团队想要获得成功，仅凭实力是不够的。

曾经有一位著名的足球教练说过："你手下必须要有优秀的球员才能去参加比赛，才有赢得比赛的可能。但是，即使你的手下全是世界一流的球员，你也不一定能获胜，球员之间能否有效的配合，他们的心态往往起到决定性的作用。"事实的确如此，对一场足球比赛而言，要想获胜，球员的心态有时比球技更为重要。

消极的心态会导致团队的分裂、衰败，而积极的心态则能使团队更好地合作，提升团队的战斗力，增加获胜的可能性。

美国著名的领导力和管理学专家约翰·麦克斯韦教授曾经在他的《胜利的心态》一书中写道：

心态……
它植根于我们的内心并影响我们的行动。
它既可能是我们最好的朋友，也可能成为最危险的敌人。
它比言语更真实可靠。
它取决于我们过去的经验。

它既是吸引某些人又是令某些人感到厌恶的原因。

它是我们每个人历史的保管员。

它说明我们每个人现在的行为。

它预示我们明天将会取得的成就。

一个团队成绩的好坏，与其领导者和成员的心态密切相关。积极的心态虽不能保证团队一定能获得成功，但消极的心态却注定会使一个团队走向失败。成功的领导者，必须永远保持正确积极的心态，仅有超强的才干是远远不够的。

心态是可以传染的

心态是可以传染的，它就像社会上流行的时尚之风或是流行感冒一样，可以在一定范围内或快或慢地传播。

仔细观察后你会发现，在一个团队中，心态往往是最容易被传染的。技术、知识、经验、制度等都需要经过一定时间的学习或练习才能掌握和领会。而心态则不同，它无须任何专门的学习或培训，甚至无须主动去关注，只需耳濡目染即可传播。

人都有一种模仿的本能，通常会从身边的人的工作方式或者生活模式中受到启示，并有意或无意地去模仿他人的行为。换句话说，我们都有一种学习、效仿和采纳我们身边的人的行为、习惯、思维方式和态度的倾向。

人似乎有一种想超越别人、与别人竞争的本能——他比我做得好，我就要比他做得更好；他比我优秀，我就要比他更优秀……不知道你有没有注意到，人们在接受管理的时候总是呈现出一定的被动性，而这种被动性往往是无意识的，只要能对其进行正确的引导，就比较容易改变。如果团队中有一个人积极地向大家求教、学习，很快提升了自己的业务能力。同时，有另一个人加班加点、勤奋努力地工作，业绩明显上升，这两人都得到了领导的赏识，获得了加薪晋升的机会。在这种情况下，其他人的心态也会发生相应的转变，并竞相展示出类似的优秀品质。

再比如，如果一个团队的领导者面对困难临危不惧、沉着应对，在日常管理中以身作则、严于律己，在遇到重大任务时身先士卒、加倍付出，那么他的团队成员也会在无形中受到他的影响和鼓舞，努力地学习并效仿他的心态、作风，在工作中会表现得更加积极主动。因此，在一个团队中，领导者以身作则，树立积极主动的工作心态对于整个团队的发展是很有帮助和必要的。团队领导者的心态不仅影响他个人的工作效率和个人成就，还关乎整个团队的业绩与未来发展。

心态的传染性极强，因此作为一个团队的领导者，一定要时刻牢记：如果能养成正确积极的心态，并用它们去影响你的团队成员，你就能提升团队的战斗力和竞争力。

事实上，心态还具有更为广泛的传播效应，并在某种意义上发挥着更强的影响效应。类似这样的案例在任何一个团队中都可能发生，并且随时都会发生。

直到 20 世纪上半叶，体育专家们还认为人类不可能在 4 分钟内跑完 1 英里（约 1.6 千米）。

然而，一名来自英国的大学生却用实际行动推翻了他们的这种“限制性”观点。1954 年 5 月 6 日，英国大学生罗杰·班尼斯特在剑桥大学举办的夏季运动会上，以 3 分 59 秒 4 的成绩跑完了 1 英里。大约两个月后，澳大利亚运动员约翰·兰迪也成功打破了专家们的这一"诅咒"。随后，那些体育专家们变得更加尴尬，因为有成百上千名来自世界各地的运动员甚至用更短的时间跑完了1英里。

试想一下，如果没有第一个打破纪录的英国大学生班尼斯特，澳大利亚的兰迪未必会向这一目标挺进。而世界各地的教练员、运动员们也会对专家们的这一论断持保留态度，那么这一错误的论断将不知要保留到什么时候。由此可见，人们都倾向于采取与自己处境和状况类似的人的心态——既然有人能打破4分钟1英里的纪录，为什么我不能试试呢？积极的心态传播开来，于是就有了更多打破这一纪录的人。而如果没有第一个持突破心态的人出现，"错误的纪录"也许就会被无限期地保留下去。

不仅是体育界，在很多行业、很多团队中都存在类似的"心态效应"，对行业和团队本身产生着巨大的影响。积极的心态相互传染，就会产生积极的影响，带动更多人主动进取、奋发图强，创造出更大的价值；消极的心态相互传染，就会使人们不思进取，甚至堕落、倒退，延误或阻碍行业和团队的发展进步。

我们不能改变心态的传染性，但可以改变心态的性质，可以利用心态的传染性来传播正确积极的心态，使其成为个人或团队成长进步的助推器。

消极的心态传播得更快

不知为什么，在人类的所有思想和行为方式中，消极的东西总是比积极的东西更容易传播，比如坏习惯比好习惯传播快、不健康的笑话比哲理故事传播快、懒惰比勤奋传播快……换句话说，下降总比上升快、倒退总比前进快。同样，这个世界上也有一样东西比积极的心态传播更快，那就是消极的心态，并且消极的心态经过广泛传播以后所产生的破坏性作用往往大于积极的心态经传播后所产生的积极意义。这与人们养成坏习惯容易养成好习惯难，变懒惰容易而变勤奋难的道理是相通的。

消极心态不仅会对自身产生重大而深远的危害，还会影响周围的人。如果持有消极心态的是一个团队的领导者，就会导致团队的重大损失，甚至使整个团队毁于一旦。

从根本上说，让一个没有积极心态的人成为团队的领导者，这本身就是一个严重的错误。因为他的消极心态不但使他本人工作效率低下、管理无方，他还会将这种消极的心态传染给自己的团队成员，导致整个团队衰败。

即使许多人都明白消极心态的危害性，但很多时候还是免不了被它传染。不仅是在团队组织里，也不仅是在工作中，在社交等日常生活中，消极心态的传染性更强，危害性更大。

在洛杉矶举行的一次全美橄榄球职业比赛中，有名队医发现其所在队伍的 5 名队员出现了食物中毒的迹象。经过简单的询问了解之后，他认为传染源是体育场旁边的一家卖速食的小店，因为这 5 名队员都喝了从那里买来的饮料。为了防止更多人受到感染，这名队医迅速采取行动，通过体育场的广播提醒其他队员和观众不要到那家小商店去买饮料，如果已经买了，也不要饮用，否则可能导致食物中毒。人们对他的提醒"反应强烈"，10 分钟左右，就有 200 名以上的观众报告自己有食物中毒的症状，而其中一半的人称自己"病情"严重，最后组织方不得不将这些人紧急送往医院。

随后，当局立即对体育场旁边的小店的饮料加以查封，并进行检测分析，但并未发现这些饮料有变质情况或含有危害性成分，店里其他食品也都是安全的。原因出在哪儿呢？当局开始对最初5名中毒运动员的中毒原因进行更深入的调查，对他们在最近一天中的饮食情况进行全面分析。结果发现，这5名运动员中毒不是因为饮用了速食店所售的饮料，而是在来体育场的途中食用了一家熟食店发霉的马铃薯沙拉。这个消息迅速传播开来，当那些因为"病情严重"而被送往医院治疗的人听说自己所饮用的饮料是安全的时候，他们的病情都"不治而愈"了。而那些报告自己有食物中毒反应但未被送进医院的人表示，其实他们当时并没有感到身体不适，只是因为饮用了该速食店所售的饮料才这么说的。

这个故事是不是有点可笑甚至荒唐？但它却是事实，这不就是消极心态快速传播的结果吗？

现实生活中，这样的事例还少吗？恐慌逃亡导致踩踏事件发生等类似事故不也存在着消极心态不良传播的因素吗？事实上，人们常常误导了自己，因为"随大众，赶潮流"等心理而被消极心态传染，使自己受到伤害，甚至酿成大祸。其实避免消极心态危害的最关键并不是小心谨慎、预防控制，而是拒绝消极心态本身。

学会辨别消极的心态

事实上，心态是一个主观的东西，是主观认识和个人观念的产物。因此，很多时候我们很难分辨或者确认自己的心态究竟是积极的还是消极的，或许不经别人提醒我们根本就没有这种意识，也不会在意。有时候，尽管自己的心态是消极的，但我们自己并不这样认为，因为当时觉得这种心态并没有给自己造成什么不利的影响。但长期下去，消极心态对自己的不利影响势必逐渐扩大，等到自己意识到的时候，则后悔晚已。

在现实生活中，当你与某个人初次见面交谈时，你可能会觉得他的心态很消极。然而，你又很难具体说清楚他的心态消极在哪里，或者难以断定他的心态究竟会给他造成什么不利影响，然后你就开始怀疑自己的判断是否正确。

人们之所以难以分清自己的心态是积极的还是消极的，难以说出别人的心态消极在哪里，甚至怀疑自己的判断——原因就在于心态是主观的，或者是在无意识中形成的。再加上心态消极也不一定会导致一个人立即犯下什么大错误。因此，很多人虽然能意识到消极的心态在无形中影响着自己的进步、制约或破坏着团队的发展，但还是不会主动去调整和改变。

心态植根于每一个人的内心，它影响着我们的一举一动，关系到整个团队的发展，但我们却往往对其毫无察觉。

通过一个人的行为表现，我们可以或多或少地了解他的性格特点和内心想法，因而只要我们用心观察和分析，就总能从对方的行为举止中找到其心态消极的证据。下面分别列出几种最常见的消极心态的具体表现，以便你对照检查自己身上是否存在不良心态，进而有所反省和改善。另外，你也可对照其判断自己的团队成员或身边的人的心态是否得当，并在适当的时候采取适当的方式对他们进行必要的提醒，以防他们给团队造成不利影响。

一般来说，心态消极者通常会有下面的一种或几种表现。

1. 思想弊病

美国 NBA 著名教练帕特·莱利在他的《心灵的胜利者》一书中这样写道："有些球员会表现得过于自信，总认为自己在球队里是最重要的，没有人能替代自己的位置。当球队取得胜利时，他们认为这是属于自己的功劳；相反，当他们遭遇失败时，他们又会认为这都是由于球队中其他成员的失误造成的。"

许多团队都存在这样的人，他们自负且自私，总以为自己的能力很强，在团队中不可替代，有了成绩就是自己的功劳，出了问题，都是别人的责任。这种人、这种心态十分有害，是不可取的。

2. 霸占功劳

抱有这种心态的人与"患有思想弊病"的人相似，他们同样是团队的破坏分子，会造成团队的分裂。不过有这种倾向的人的行为却有别于前者。这种人刚开始的时候往往处事低调，接着就开始在团队里捣乱，制造各种是非冲突，导致别人互相斗争，他则"渔翁得利"——宣称团队里的所有成绩都归功于自己，不管他是否真的为这些事作过贡献。

美国 NBA 名人堂成员比尔·拉塞尔曾在一场比赛后说："衡量我在球队中是否优秀的最重要标准就是我是否让我的队友打得顺手。"而霸占功劳的团队破坏分子和拉赛尔的想法和做法则截然相反，他们常常破坏团结、扰乱秩序，为了私利不惜伤害别人、损坏团队利益、破坏团队形象。

3. 拒绝认错

日常工作中，你可能经常会遇到这种人——明明犯了错误，并且有充分的证据证明是他做的，但他却坚决不肯承认。他还会找出许多牵强的理由来为自己辩解，强调自己不可能犯错。具有这种心态的人最不得人心、最招人讨厌甚至痛恨，是需要重点监控的团队破坏分子之一。

4. 胸怀仇恨不能消解

因怨恨而嫉恨是一种典型的消极心态，它不但会损害你的心理健康，使你承受不必要的心理负担，还有可能激化矛盾，导致更加严重的后果。当团队中的成员不能相互宽容、原谅彼此的过失时，一个团队的领导者如果任由矛盾发展，那么这个团队发生分裂就是一种必然。

据说现代护士制度的奠基者克拉拉·巴尔顿曾被她的朋友鼓动去控诉她早年遭受的残暴行为，但巴尔顿却拒绝了朋友的这种"建议"。

"难道你不记得曾经发生在你身上的不愉快吗？"她的朋友想刺激她。

"不，"巴尔顿说道，"我已完全忘记了这些事。"

5. 狭隘的嫉妒心理

很多"平均主义者"认为，在同一个团队中或同一个部门里不论才能、表现、影响力、工作内容和劳动强度如何，每个人都应该获得同样的报酬，即利益的分配是完全平等的。

事实上，这种"吃大锅饭"的思想不仅不利于我们自身的发展，还会挫伤所有团队成员的工作积极性。持有这种观点的人，表面上看起来似乎是在追求公平，实际上是出于对那些因付出更多劳动或表现优秀而获得更多利益的人的嫉妒。他们心中充满嫉妒，却又不好意思表现出来，于是只好打着"公平"的幌子。每个人的能力不同，所承担的职责也不同，如果一味地要求公平，恰恰是最大的不公平。

6. 吹毛求疵

不论工作还是生活中，常常会有这类人，他们爱发牢骚，对什么都不满，对什么都看不惯，太过挑剔，总希望别人的表现都符合自己的意愿，但怎么可能呢？于是他们的牢骚越来越多。

英国夫妇弗列德和玛丽莎，周日早上他们去教堂做完礼拜后驱

车回家。玛丽莎说道："弗列德，你不认为今天早上的布道很糟糕吗？"

"糟糕吗？我倒不觉得。"弗列德回答。

"那今天唱诗班的表现也太差劲了吧。"玛丽莎继续抱怨道。

"一直不都这样吗？很正常呀！"弗列德说。

"那你一定注意到坐在咱们前面的一对夫妇和他们那又哭又叫的孩子了吧？吵得我都烦死了。"玛丽莎有些生气。

"亲爱的，对不起，我觉得一切都很正常，你今天心情不好是吧？"弗列德安慰她道。

"坦白说，弗列德，我不知道你是如何忍受这一切的。"玛丽莎很不高兴地说。

学会辨别消极心态是改变消极心态、树立积极心态的第一步。当一个团队中存在这样的吹毛求疵之人时，不论别人表现得多么优秀，他永远都不会满意，还喜欢向别人发牢骚。如果一个团队的领导者具有这种心态，那么终有一天，这个团队会只剩下他自己。

现实中，消极心态的表现还有很多，这里只列出几条一般性的规律。尽管消极心态的表现方式不同，但它们的"病根"很多都是源于自私、狭隘、惰性等。总之，只要一个人的表现与团队的整体利益、长远利益，甚至与自己的根本利益、长远利益相悖、相抵触时，就说明他的心态是消极的。

在放弃中获得进步

领导者必须学会放弃才能有所进步，并且你爬升得越高，需要放弃的也就越多。

不论是在团队还是组织机构中，每个人都希望爬到最高层，至少是越高越好，还常用拿破仑的话自勉——"不想当将军的士兵不是好士兵。"其实很多时候，进入团队的高层或许并不是他们最初的理想和目标，但他们明白，只有到达高层才能获得更多的权势、自由和利益。然而他们可能没有想到，领导者的本质就是牺牲，并且"官"当得越大，需要牺牲的东西就越多。

不管你现在是否是领导，学会放弃和牺牲都是必备的素质。这是一个不间断的付出过程，会随着你所处位置的上升而增加，而不仅仅是一时的付出和牺牲。很多有所成就的领导者都表示，在成为领导的初期牺牲是必须的，如果你想获得更多的晋升机会、拥有更大的发展空间，你就必须放弃更多的东西、作出更大的牺牲。因此，当你坚信你选择的方向正确时，就要毫不犹豫地放弃一些东西，如果你什么都想要，最后可能什么都抓不住。

美国通用汽车公司前董事长汤姆斯·墨菲，从1937年就加入了通用汽车公司，但一开始的时候他对是否接受这份工作迟疑了好一阵子——因为这份工作的月薪只有可怜的100美元，这些钱在当时只能勉强维持他自己一个人的生活。尽管对这份薪水很不满意，但他同时认为，在通用汽车公司可能有很多很好的发展机会，而机会是用钱买不来的。考虑再三后，他接受了这份工作并坚持了下来。事实证明，他的选择是正确的，最后他从月薪100美元的普通工人变成了通用汽车公司的董事长。

放弃和牺牲是想要成为领导者的人必须具备的积极心态。

一个人想要成为领导者，想要获得更大的晋升，不仅要在必要的时候降低自己的薪酬标准，有时候还需要放弃自己的某些权利。美国一位著名的管理学专家曾说："当你成为一个领导者的时候，你就要失掉为自己思考的权利、享受家庭温馨的权利、自由安排生活的权利。"

领导者必须懂得放弃才能获得进步，这是一个普遍的规律，不论生活在哪个国家，不论从事什么行业，也不论生活在什么时期。翻阅古今中外任何一位领导者的履历记录，你会发现，他们在不断地放弃、不断地做出牺牲，并且成就越高的领导者，放弃的往往越多。

像美国黑人民权运动的领袖马丁·路德·金一样的伟人们，他们所做出的牺牲是我们难以想象的。马丁·路德·金的妻子科雷塔·斯科特·金在《我与马丁·金一起度过的日子》中写道："我们家的电话没日没夜地响着，有人还用恐吓的言辞进行威胁……到最后，那些打电话的人威胁我们，再不马上离开这座城市就要杀害我们全家。尽管我们的生活中充满了各种威胁和飘忽不定，可我还是觉得很受鼓舞，甚至感觉很振奋。"马丁·路德·金在领导民权运动期间，曾多次被捕入狱，曾无数次受伤，直至被害，他为自己所领导的事业牺牲了一切。

几乎可以肯定地说，缺少了在必要时做出牺牲或放弃的心态，就不可能成为卓越的领导者，你要想升得更高，就要放弃更多。对领导者来说，放弃是必要也是必需的。因此，一个人要想成为一个成功的领导者，就必须树立放弃的心态，从不断的放弃中获得进步。从某种角度来说，放弃也是个人领导力的一种体现。

领导的本质是合作

帮助别人的人，会得到更多！

如果你帮助其他人获得了他们所需要的东西，你也能因此而获得自己想要的东西，而且付出得越多，得到的也就越多。从本质上来说，领导者对团队的领导就是一种帮助、一种服务，把为团队成员提供帮助和服务的工作做得越好，团队的战斗力就越强，团队的成绩也就越好，而这正是领导者的业绩所在。

任何一个团队的领导者，他的任务不仅是提高个人的工作效率，更重要的是帮助团队成员提高他们的工作效率。事实上，这本身也是领导者的职责。

领导的本质是合作，是让自己更好地与团队成员合作，促进团队成员之间相互合作。

领导者与团队成员之间的关系实质上是一种合作的关系。

商业社会，任何一个人要想成为成功的领导者，都必须本着一种合作的态度与自己的团队成员共事。

合作就是力量，只有合作才能提高生产力，才能达到领导的目的。团队就是一个集体，领导者和团队成员是站在不同高度的起点上进步的。正因为是集体共同进步，所以它比个人单打独斗的速度要快，成就要高，而领导者在这个过程中所获得的进步往往多于团队中的其他成员。当然，这与领导者所承担的责任和风险也是相对应的。

要建立一个完整的团队，往往需要多种人才，简单地把所有人组织起来或许并不是什么难事。但只是把人员组织到一起是没有任何价值的，作为领导者，其最重要的任务是保证所有成员最大限度地发挥出各自的才能，相互协作，共同完成好每一项任务，共同创造出更大的价值。也就是说，一个合格的领导者，不仅要树立起与团队成员合作的心态，更重要的是还要把这种心态传染给团队中的每一个人。也只有这样，才能使整个团队更加强大，才能从根本上提升团队的战斗力。许多团队之所以业绩不佳，甚至分裂衰败，就是因为团队的领导者没有相互合作的心态，更不要说帮助团队成员树立起这样的心态。

相互协作、共同进步这种积极的心态是一种最有益的企业文化。

领导者与追随者的区别之一就是，领导者能领导和推动团队中的所有成员进行行之有效的合作，充分协调好所有人之间的关系。合作是领导才能的基础，也是领导者必须具备的基本心态。一个人若能领导其他人进行合作，或者鼓舞他人工作，使他们更加活跃，并使他们相互之间形成良好的合作关系，那么这个人所具有的才能和所创造的价值并不比那些以更直接的方式参与团队工作的人少。从整体上来说，他的重要性甚至高于普通的团队成员，这也就是领导者的价值所在。

每一位团队的领导者，不论是什么级别、从事什么行业，都必须知晓合作的重要性。因为任何一个团队、任何一个组织机构要想获得成功，都必须进行有效的合作。

在英文中"Cooperation"即"合作"，它不仅代表商业团队和社会组织内部与外部的合作，还包含夫妻和家庭成员间的团结合作。事实上，这种合作的心态对任何人都是非常重要的。任何一个渴望有所作为的人、渴望生活快乐的人，都应该及早树立起这样的心态，并用它去影响周围的人。

美国一家著名的管理咨询机构的一项调查表明：在美国，因为缺乏合作精神导致团队内部或外部沟通不畅而衰亡，是企业失败的主要原因之一。那些失败的领导者也是缺乏合作心态的领导者，他们未能使合作的心态在团队内部相互传染。

没有人喜欢被人随意指挥和使唤，没有人喜欢被人牵着鼻子走，如果你想确立良好的合作关系，就要事先了解他人的愿望、需要和想法，让对方觉得你对他的要求是他自己的意愿而非强迫。通常情况下，领导者可以通过以下原则逐渐树立起自己的合作心态，并以此去影响团队的其他成员。

① 自己首先要有合作的心态；

② 让团队成员知道团队的发展目标、他们自己的发展方向，

了解他们内心的真实想法，让他们觉得你对他们的要求是实现你们共同发展目标的需要；

③ 换位思考，学会从团队成员的角度去看待问题；

④ "请求"团队成员的帮助和支持；

⑤ 主动承认自己的失误并且道歉；

⑥ 让团队成员理解并支持你的决策和要求等。

领导的本质是合作，合作的心态就是一种领导力。

领导者的作用不是亲自去做所有具体的事务，一个倾向于孤军奋战的人是无法成为团队领导者的，即使能够谋得其位，最终也会败于其上。领导者与团队的关系就是鱼和水的关系，领导者一旦离开团队，就不能称其为领导者，也不可能有更广阔的发展。

任何行业单凭个人的力量都是不可能取得巨大成就的，团队的命运和利益包含着每一个成员的命运和利益，只有整个团队发展得更好，团队成员才能获得更好的发展。而领导者作为团队中最重要的一分子，只有充分与团队成员合作，融入团队之中，带领团队创造出更好的成绩，使团队更加强大，自己才能有更大的发展空间。

积极的心态能强化领导力

成功的领导者都是积极心态的传播者和追随者，是积极的心态强化了他们的领导力。

简单地说，这个世界上只有两种人，一种是领导者，另一种是追随者。领导者之所以能成为领导者，是因为他们能树立积极的心态，并利用这种心态去影响其他的团队成员。追随者之所以始终是追随者，是因为他们是消极心态的传播者，很容易受到消极心态的感染，或者只能被动地接受积极心态。

追随者很难最大限度地发挥其个人价值，获得更高的成就，因为他们得不到更好的发挥个人才能的平台。事实上，几乎所有成功的领导者都是从当追随者开始的，所有领导者都是从追随者成长起来的。他们之所以能从追随者变成领导者，是因为他们不是平庸的追随者，而是聪明的、善于学习的追随者。他们具有一些其他追随者所不具备的领导特质，比如能力、品质、行为习惯，而这些因素都是积极心态在不同方面的具体表现。因此，从某种角度来说，是积极的心态成就了他们。

现代社会，一个人要成功创富，就必须成为他所在那个领域的领军人物。而能否成为一个领域的领军人物，关键就在于是否能始终保持积极的心态，并去影响周围的人。

拥有和保持积极的心态本身就是一种能力，一种领导者必须具备的至关重要的能力。

下面我们对一个称职的领导者所应具备的积极心态和基本素质分别进行简单的介绍：

1. 强烈的责任感

领导者必须要有强烈的责任感，对自己负责，对团队负责，对团队成员负责，这是作为一个领导者的基本素质和心态。同时，领导者还必须愿意为成员的过失和错误承担责任。

如果不善于承担责任，甚至推卸责任，那他就不是一个合格的领导者。在外界看来，一个团队中出现任何较大的失误，都是领导者的失败，是他失职或不称职的体现，或者说领导者自身就存在某些问题。

2. 自信和勇气

自信和勇气也是对一个领导者的基本要求，这是由领导者自身的心理素质和其所拥有的专业知识所决定的。只有自信且对自己所从事的领域比较了解的领导者，才有可能带领好自己的团队，因为没有任何一个追随者愿意长期追随一个缺乏信心和勇气的领导者。

3. 良好的自制力

只有善于控制自己的人才能更好地控制别人。称职的领导者必须善于控制自己的言行举止，控制自己的情绪，以身作则，为自己的追随者树立良好的榜样，对他们发挥积极的影响力。一方面促使被领导者自觉地效仿你的优点和长处，另一方面，让被领导者从你身上看到未来的希望。

4. 坚定果敢

领导者必须具有快速而准确地做出决策的能力，既要当机立断，又能随机应变。一个优柔寡断的领导者，遇事犹豫不决，就很难快速而有效地处理纷繁复杂的事务，只有充分协调好各方面的关系，才能赢得追随者的支持和信任。

5. 富有协作精神

前面我们对领导者的合作心态和能力进行了比较详细的讨论。需要强调的是，领导者不仅要善于和自己的追随者合作，还要善于协调追随者们之间的关系，只有这样才能促进团队的发展。

6. 要有准备和计划

一个优秀的领导者必须要有自己的工作计划和整个团队的发展

计划，只有事先拟订好自己的目标和计划，并在具体执行的过程中不断地调整完善，才能让追随者有计划、有准备地工作，避免许多不必要的损失。

7. 要有强烈的正义感

一个没有正义感的领导者，会让追随者觉得没有安全感，因为他们的利益得不到任何保障。领导者应该公平公正地对待自己的追随者，领导者处事不公平往往是导致团队分裂的根源之一。

8. 要有奉献精神

领导者必须具有奉献精神，这不仅是为了给自己的追随者树立榜样，也是实际工作的需要。因为领导者必须对自己的团队负全责，需要随时随地考虑整个团队的利益，甚至为实现团队的利益而牺牲个人的利益。

9. 了解自己的职责

了解自己的职责是领导者的首要任务。如果一个领导者不清楚自己的职责，不知道自己所带领的团队的工作性质和奋斗目标如何，他就无法进行领导，更不可能成为一个优秀的领导者，获得更大的发展。

10. 善于与员工沟通

作为一个团队的领导者，必须善于与自己的追随者进行沟通，了解他们的想法、帮助他们解决问题、赞扬和鼓励他们，将所有成员的思想统一到团队目标上来，从而提高团队的战斗力和工作业绩。

11. 敢于承担风险

风险和利润成正比，一个团队要想创造出傲人的业绩，团队的领导者就要敢于承担必要的风险。一个不敢冒风险的领导者是很难有大成就的，而他所带领的团队也就难以立足于竞争激烈的强者之林。

12. 要有创新精神

创新是进步的象征，也是对未来的积极追求。一个领导者如果没有创新意识，就很难去要求他的追随者创新。这样一来，整个团队就会失去竞争力，团队的发展就会面临危机。在这个竞争激烈的商业社会，不会创新就会落后，落后就要灭亡。

领导者的商业价值（其所获得的报酬）之所以比普通员工高，就是因为其具有胜过一般团队成员的特殊能力，他所承担的风险比别人大，需要付出的比别人多（至少有这种倾向）。一个追随者要想成为一名领导者，一个领导者要想成为一名优秀的领导者，就必须培养、提高和完善自己的领导特质，挖掘自己的潜能，完善自己的个人竞争力。

发挥领导力的三大原则

一位著名的企业家说过："领导才能不是与生俱来的，是可以培养出来的。要想成功，就必须先成为一名领导。"事实的确如此。放眼世界，绝大多数成功者都是领导者、成功的领导者，他们的成功很大程度上是建立在领导力之上的。因此也可以说，大凡伟大的成功者都是卓越的领导者。而领导者之所以能够获得成功，是因为他们具有领导的天赋，掌握了领导的原则和方法，充分发挥了自己的领导力，依靠自己的积极心态影响和带动了团队的发展。随着团队的发展壮大，业绩的不断提升，他们自己也成了最大的受益者。

一个领导者要想获得成功，必须遵循一定的原则。这些原则中既包括不容违背的根本原则，也包括可以灵活操作、因地制宜的一般原则，都是为了更好地发挥领导力。

事实上，这些原则正是领导者积极态度的落实与体现。

领导者要成功地领导团队，必须坚持三项基本原则：

第一，领导者必须给予成员充分的权利，让其独立地进行他们的专业工作。作为一个聪明的领导者，不应该随意干扰团队成员的专业工作。因为领导者并不一定了解工作的实际情况，也不一定通晓相关的专业知识，而团队成员也有自己的工作计划和工作方式。因此，如果领导者随意地去干扰团队成员的工作，不但会影响他们的工作效率，还可能导致不必要的错误和损失，引起他们的反感，使他们觉得自己没有发挥才能的空间，从而选择离开或破罐子破摔——按照你的指示去做，即使不正确也不提醒你，因为后果由你承担。

需要强调的是，这种违反领导原则的现象非常普遍，不过随着企业的国际化步伐加快，现在已有所改观。试想一下，如果一个企业的领导者一味以自己的意愿为中心，甚至要从事专业工作的下属看自己的脸色办事，这不是在毁灭自己的团队吗？

著名的管理学者德鲁克1944年受聘于美国通用汽车公司，担任管理政策顾问。

第一天上班时，公司总经理斯隆（被西方管理学界誉为"现代化组织天才"）找他谈话："我不知道我们要找你研究什么，要你写什么，也不知道该得到什么结果，这些都是你的任务。我唯一的要求是希望你将你认为正确的东西写下来，你不必顾虑我们的反应，也不必怕我们不同意。尤其重要的是，你不必为了使你的建议易于被我们接受而想到调和折中。"

不难看出，这番话的实质就是在充分地授权，让德鲁克独立地去调查、分析、研究企业在各方面所存在的问题，从而为领导者们的决策提供科学的建议，真正尽到他"管理政策顾问"的职责。

第二，应允许和鼓励各方面的专业人员对自己提出反对意见。为了团队的利益，甚至在必要的时候，可以允许成员与自己唱"对台戏"，以做到兼听则明。

以领导者的顾问团（又称智囊团）为例，协助领导者进行决策的顾问团完全不同于领导的秘书班子。从功能和地位上看，顾问团与秘书班子截然不同，秘书班子是以领会和贯彻领导意图的准确性、及时性和彻底性为工作质量评价指标的；而顾问团的专家们则是以独立自主的调查研究，为领导者的决策提供参考和依据，能提出多少真知灼见为衡量工作优劣的标准。如果顾问团不能提出独到而科学的见解，或者有了想法不敢直言，那就没有任何意义。

第三，领导者一定要善于用人。美国"钢铁大王"卡内基是世界上著名的商业领袖之一，在他死后，人们在他的墓碑上镌刻了这样几行字：这里安葬着一个人，他最擅长的能力是，把那些强过自己的人，组织到他服务的管理机构中。

事实上，一个领导者要想获得成功，先要赢得人心，得人心者得天下。只有得人心，才能打造出一支强大的队伍，才有可能创造出非凡的业绩，保持自己的竞争力。

在震惊欧美的《追求卓越》一书中，作者提出成功的机构都非常重视、尊重雇员，推己及人、舍己从人、换位思考。最有效的领导是利用对团队成员的情感和思想的了解，运用沟通技巧，使每一位成员都得到重视，都能忠心耿耿地团结在你的周围。下面简要列举领导者应当灵活掌握的用人原则。

① 理解、尊重、关心每一位团队成员；

② 分工授权，"才岗"匹配，优胜劣汰；

③ 用人不疑，疑人不用，但要做好监督工作；

④ 对待团队成员保持宽容的态度；

⑤ 承认并重视团队成员的劳动成果和劳动价值；

⑥ 要乐于接受团队成员的监督和意见；

⑦ 善于运用幽默的语言；

⑧ 保持清廉简朴的作风；

⑨ 善于网罗人才，善于发现人才，善于发现团队成员的闪光点；

⑩ 批评错误的时候不要忘了赞扬成绩，不要侮辱其人格；

⑪ 公平、公正地对待团队的每一位成员。

总之，作为领导者，时刻不要忘记自己作为领导者的职责。领导者就是决策者，就是掌舵者，要全面考虑、统筹规划、综合权衡团队各方面的事务，要对整个团队负责。因此，领导者考虑问题必须要有一定的高度和深度，要有自己独立的思想和认识，既要征求成员的意见，又要考虑整体的情况。

因为团队成员的水平参差不齐，他们考虑问题时所站的位置可能没有领导者那么高，看问题的角度也不一定正确科学。此外，成员中有敢于直言的，也有专门迎合领导的溜须拍马之徒，很难保证意见的质量。因此，领导者正确的做法是广泛听取各级下属和相关专家的意见，比较甄别、博采众长，然后根据团队的实际情况做出正确的决策。